L.Dv. 704/1 d
Beiheft 1

Luftnachrichtentruppe

Betriebsvorschriften

Teil 1

Allgemeine Ausbildung

Heft d

Die Ausbildung im Hören und Geben von Morsezeichen

Beiheft 1

Übungsstoff für den Hörunterricht

Ausgabe 1940

Berlin
Verlag Walter de Gruyter & Co.

Der Reichsminister der Luftfahrt
und
Oberbefehlshaber der Luftwaffe

Der Chef des Ausbildungswesens
Vorschr. u. Lehrm. Abt./Chef R.V.W.
Nr. 362/40

Berlin, den 1. Mai 1940

Die **L.Dv. 704**

Luftnachrichtentruppe
Betriebsvorschriften

Teil 1: Allgemeine Ausbildung

Heft d: Die Ausbildung im Hören und Geben von Morsezeichen

mit den Beiheften

1 Übungsstoff für den Hör-Unterricht
und
2 Übungsstoff für den Gebe-Unterricht

wird hiermit genehmigt.

Die Vorschrift tritt mit der Herausgabe in Kraft.

Die L.Dv. 407 (H.Dv. 42() tritt mit dem gleichen Zeitpunkt außer Kraft nnd ist der Druckvorschriftenstelle des zuständigen Luftgaukommandos zu übersenden.

I. A.
Kühl

Berlin 1940

Gedruckt bei Otto v. Holten in Berlin

Inhalt

Übungsunterlagen für den Unterricht im Hören

Innerhalb der einzelnen Abschnitte sind

unter „a" die neu durchzunehmenden Buchstaben in Gruppen zusammengefaßt,

unter „b" alle bis zu diesem Abschnitt durchgenommenen Buchstaben in Gruppen und

unter „c" aus diesen Buchstaben zusammengestellter Klartext

enthalten. Im Klartext sind für **Tempo 40** Kontrollmarken eingesetzt, und zwar für 40 Buchstaben ein •, für 80 Buchstaben ein ×.

B. Übungsstoff für die Weiterbildung

Die mit einem **schwarzen Längsstrich** versehenen Übungsstoffe sind bzw. werden als **Textplatten** für das MÜG 1 (Lichtabtastgerät) bei der **Ln. Schule Halle** hergestellt und können von dort bezogen werden.

Es gibt **4 Gruppen von Textplatten:**

Gruppe A mit vierfachem Buchstabenabstand
" B " dreifachem "
" T " doppeltem "
" V " vorschriftsmäßigem Buchstabenabstand.

Die Gruppen A, B, T sind für den Anfangsunterricht vorgesehen.

Die Grundgeschwindigkeit der Textplatten ist Tempo 60 je Minute.

Für die Festlegung der Umdrehungsgeschwindigkeit ist das Normwort „Paris" gewählt, das bei Tempo 60 mit richtigem Wortabstand zwölfmal in der Minute getastet wird. Bei Tempo 70 muß das Normwort 14mal je Minute
" " 80 " " " 16mal " "
usw. getastet werden. Diese Normplatte ist auch von der Ln. Schule Halle zu beziehen.

Neu erscheinende Textplatten werden im DLV-Blatt bekanntgegeben.

A. Anfangsausbildung

1.

e, i, s, h, 5

(1 Stunde)

a)

e s h h e	5 5 5 5 5	h s i h e	e h h i s	e i e s h
e s h i e	e h i h s	h s e i h	i s h e s	i h i e s
s s h i e	e i s h i	h e h e i	e i h s h	5 5 5 5 5
s h i e s	e s e h h	s i e h s	h s e i i	h i s h e
i h s s e	s h h s i	i h s s i	e h i s i	5 5 5 5 5

b)

e e h s h	s e i h s	5 5 5 5 5	e i h s e	e i h e s
e h i s h	h s e e i	i h s i e	5 5 5 5 5	s e h s i
i h s i e	5 5 5 5 5	i i e h s	e i h s s	e i i h e
5 5 5 5 5	h s i e s	h s h e i	e s i h i	h h s h i
h h e s e	5 5 5 5 5	i e h e h	s e h i s	e i i h e·

c) 1.

Ei eis esses eish essises sie ehis si eesses 55 is he isse isis his sees sisse esse 555 hesse heies sei hees esse see heiss siehe hihi 55 ehe heisse 55 eh sies ehise sissi ise eses hesis hie sis ess hese seissi hisse seis shess se issi 555

2.

Ses she seehesse hiese ihse seihe seisis sessies 55 esh ihi sies 555 sesies heises sisse hie sise hei seise sesse 5555 ehse eie hees isesi heese isshi hehie seeeis heishe hess hisei sees seishe sessi sheh shihei seih sesse siesse 555 sisse sei shihi 55 shih hiess sieh hisse 5555 hehe es iss sehe

2.

t, m, o, O

(1 Stunde)

a)

o m t o m	t m t m o	o m t o m	mt o mt	t o mo m
t o t m o	m o t m m	0 0 0 0 0	o t mmt	o t o t o
0 0 0 0 0	o m o t o	mo t m o	mo t o t	t mo mt
t m o m t	t t m o t	0 0 0 0 0	o mt mm	o o mt o
o t omt	0 0 0 0 0	mt o t m	mmt o t	mmt o o

b) 1.

t i s mo	h mt i s	0 5 5 5 0	h e s t m	me s i t
5 5 5 0 0	mt e h o	mi s e t	i t mh s	s t e mt
e t mo h	mo i s t	s h o o s	i mh h t	0 5 0 0 5
t s e mt	t t s e m	mh h t i	5 5 0 0 0	o t i s m
s i e o h	0 5 5 0 0	e e mi h	h e s t m	s h mt i

2.

0 5 0 5 0	me e h i	h e e mi	i me e h	mh h t i
h o o s e	me s i t	o o h s s	5 5 5 5 0	o mt e h
t mo i s	0 0 5 0 0	t t s e m	e s t mh	ms i t o
o e i h s	t o mh e	5 0 5 0 0	s i o mt	o e i s h
t s e mt	h e e mi	o mt e h	me s i t	0 0 0 5 0

c) 1.

Tomohihi tisso emme tose temme meme tete shoe teeth messie het omit themse memme 55055 osmo immemo mette otitis setieh ios mimus simio testimo 5055 themis sismomete missio emisio isetome sit thesis 5500 thiosim ethimos emmoti 5550 metise ostitis semi.teste sse semis ossette sis hitho esto sommiste time titi sott seismomete memos hemios motemsomotosis hosties methemis 5050 ostioteostosis semeiosis stethoesmis otothemis sommit immesio shismo timeo estimo metosie 50550 temetom tom:theis shito omite temo seisis eteios sosies test seismo mithmis 5550 immi oss shoe etesie

2.

Mimose testes soste otomtomie mehme miosis ottett 0005 sosthemis tit siesto immissio sem seo seth meiosis ethmos semosie sestetto 0050 mime testis hemis semeio semimos titthis 550 simos semimete testitis semiosis hestiose miosis cssemi semisi tmesis 5505 semit semiotis mese sotie seste tete mimithesis isite sesios os sisette toise osmio isme osmose himeos mise theis soto mesit theist miso himte mesmito sottise theme histotomie 5550 miss sotto emotio thitoso somotist mett ostomos itio otheosis somme somotomimis emtio methos 0505 stomotitis eos

3.

a, u, v, 4

(2 Stunden)

a)

v u a v u	u a v u a	u a v u a	4 4 4 4 4	u a v u a
a u v u v	4 4 4 4 4	v u u v a	u a v v u	u a u v u
4 4 4 4 4	a v u v v	u v u a v	u v a v a	u v u a v
v u v u a	a v a v u	4 4 4 4 4	a v u v u	a v u a a
a u v a u	u v u a v	u u v a a	v u a v u	4 4 4 4 4

b) 1.

m u h v t	e i s h o	v u a t m	5 4 0 4 0	m e a o a
5 0 4 0 4	a e t u o	u h s t i	u e u s a	t i v h o
u h s t i	m e a o a	4 5 4 5 5	m o v s v	a o a e m
v o m s v	s i u h t	m u h t v	v h a s v	0 5 4 0 5
a e t u v	u e u s a	m t u v a	0 4 5 0 4	m u v a i

2.

s i t h u	0 4 5 0 4	o h e i s	m t a v u	a h m t u
s v u o h	a h u h u	5 5 4 4 0	s a u m a	v o m s s
4 0 4 0 0	e i o h s	h e a s u	u h s i t	m t a v a
v u s s h	s a h a u	o s e h e	s a u e u	4 5 0 5 4
a v u s m	o a v s u	m e a o a	h e a s a	5 5 4 5 0

c) 1.

Heue summe oase umtue 45054 muehe mass suess muhme austatte ovas usa muehsam 0540 hausmiete masse mumie saat 4504 mus museum ausstehe usus haut 4544 musiv ausstosse vase mast taste am muesse amt 04500 saite muss same ameise 4405 amme tau mastvieh sammet 4500 mathema haeute sammt visitatio ass 45450 ast musse atheist matt atem mut austue satt visite atma matte testa havas seestaat heimat mutmasse vau 5450 sattheit visite sittsam atmos mattheit atom tah attest 45005 tat sattsam visum save staat maue 45540 staatsamt aue miau saum heute aus 400000 maus taue saeume

2.

Staatshoheit ausatme mause tue saus ausesse sause mausetot 540445 stamm mausse aushaue aushuste mauth tute emma stammhaus tuete esau vom hui staet 405504 ausmesse uhu votiv statist ausmiete meta um eva huste stativ ausmiste meute hai aussaat 5054 hut statt huete staette huette hase umsehe hass vivat statue 5054 missetat umstehe hass hassee vivos hast voss hau statut maehe thiessheimat veeh mai 45000 umstimme vaam haue vite maie stumm stute mais 4005 mama aussehe missmut umstosse vive haus hause eau massette saa suum va ami 50405 eumusie mesometas vi vivito

3.

Sema meute hamasa assumsit theismus athesmie hausse motiv soumissio tissu mammoes mutuus tutti stoa 454 massiv saatamah sveto imam oase stomatitiv hatto athetese haustus motu sous titi 405045 assumtio haematemesis mevesavite semasie themata vime teetotamismus mesothas eusemie imham oath stomatosis uhu 5405 emesma mastitis taaut astasie haematismus mia semimas thematis voie 4005 amimetosie eusitie messa vios titthos motus haut aethomma mamositaet haematit miam semita voitu 4544 uistiti sua imitativ asteismus miasma sesia themis vomitiv asthma vomito

4.

Sevum miasmata emeta mastos vavativ sah mastus aes mat sahm miatamos vamos sai vas 5450 vis temetum mesta amita atimie have south 0504 tivemo usia suasse imma uso imissa usta tmesis staat atmomete hestia atom 5545 ammas mesue visa ammattist mesumi visum mammut isatio visio oiseau suave usus 5450 visis toast stama mousse hestiasis tout aestematotusos sham vomitus mas aesthema emetomatie matasse saime vasa visitativ temo mesusa emu aesthesis matessa sais taiaut vase 4050 vota theomitie shout mima haematomma aestimativ uta soave oum masette attest hesus stase tohu temestiv meta 5454 attestat massa mouta stasis toiseve vasistas

4.

n, d, b, 6

(3 Stunden)

a)

n d b n d	d n n n b	6 6 6 6 6	b d b d b	b d n d n
b d n b n	6 6 6 6 6	b d n n b	n b n n d	b d d n d
6 6 6 6 6	n d d n n	n b d b d	b d b n b	b d d n b
b n d b b	b d b b n	b n b d b	6 6 6 6 6	n n b b n
n b d n d	b d n d b	n n b d n	n b d d b	6 6 6 6 6

b) 1.

s t m a o	u v n b d	t u i o b	a t s h i	5 6 4 0 6
i h s t a	5 4 4 5 6	a n h a d	n u v n o	s h v i h
o m v u n	i o d s u	b v n d t	0 4 6 5 4	e h i b d
d b e i h	h m b d v	6 4 0 0 5	a o m t s	a u i t s
6 5 4 0 6	s t m o h	s v e m n	e d n v b	d b n v u

2.

5 5 6 4 6	a h n a e	d b u v n	o b d t u	s d o i v
e d b v n	u v d b n	4 6 5 0 4	o n d s v	b v b h v
t b m h v	a t i h s	u s b i o	b v d n b	6 5 6 4 0
m e b s n	n u o n v	t v v h m	5 5 6 5 4	b v n h o
o i u t d	6 4 5 4 0	h i d b e	m s n n v	i h e s e

c) 1.

nstehend ab abaesten baubude sonnenbad ambabus sendbote 6464 bahnen idee abinstantia eidam bovist unbehauen abbassamento minuend abmessen dom beheben sud amendement addubitation obstbau 56406 advent ausheben hede dein 6406 aba intestat abbau sonnenbahn senden baisse abbassi minus behende sueden amentiva abmah nennen advent bohne unbeneidet ade obstbaum von adventus heda aushieb deismus abab intim

2.

abbauen staatenbund ambassade sennesbaum 4056 bambus advis ausnehmend heide abbasside abnehmend dominante bei sund amethodist abanet ahnden nett und eidesabnahme bombasin adeb obstinat enden madame abbeissen dieb bauen stab 46056 banane identitaet abbasso mode abnieten domino beibinden suende amid 64065 aboda neu ahnen einband bombast aden ode endivie dabei deist adiviso

3.

Aboma bombe amben 645 einbauen uneben abbeten baum
staub made diebin abada band 4560 idiom sieben ambest
abonnement donat tand modedame abbate abbinden 654
stadium madonna abaddon idiot 64650 siedendheiss ambi-
tion einbeissen unebenheit dasein bonbon abominabe beide
advivum abonnent dose 4640 tannenbaum beide entbieten
odin abbitte bande idiotismus diebesbande stadt 6405
baeumen absahnen dosis taub bein beissend amboss uni-
sono bube dem odem ohnedies abbitten abbohnen ban
denstoss

4

Dienst 5645 hemd demant henne dementi beistand amts-
bote nie omineos entbinden daheim 6454 bandit mahd
sine dienstbote individuum modistin doste beistimmende
taube niemand eid einbetten omnibus entheben dahinhaben
hetman deminmonde mahnen sinnen abdaemmen bannen
indo bauten stadtbahn stand modus dotation benedeien
taubheit 0646 nimbus amtsstube einbinden veitsbohne base
sinus abaddon ambi standesbeamte

5.

Beanstanden 4546 diensthabend imbiss abdienen bassist mai-
baum soda maid sodann mohn douane beneiden tausend
abba'timento 50464 venus einbusse ananas niveau abonne-
ment ademonie ostentativ dame demission haubaum ovation
adenos advoviet maenade sodomit abdunsten bastei dienst-
mann indem 64550 behauen staubbesen abades ambides

enne dienststunden indossament mandant soeben abeisen bast abaditen ambitives 46560 monade du besanden tinte abesse bove amidin venoes buddhismus einen nomade anbahnen adhibenda sabbat ansinnen damen

6.

Aussendienst heuboden aedoea sonde median indossat diensttuend basten 64054 abend beben stauben ambitiv titan duett mond abe abbonamento amidon einheben anbahnen buddhist viehbestand abovo daneben anstand sadebaum adhibition 00465 hieb aussenstand demut aeneide staude betinden batate dieses inhibition mandat sonnabend abaise ambitus 6645 mund dumm aditit absenden amovibus absens viehdieb bude anbau nominativ adimis sahne entsenden adbuvin devia denn aussenstehend

Hienieden 6654 abaissement ambo medio diminutiv initiative diesseits batist stehend abdest anabasis toben 45645 absieben dunst mondbahn abside nonius anbauen bund dannen anstandsdame etuede samenstaub admontiv ahab hinab aussenden steven 60645 abendessen bau dimission meditation abandon muenden dunstobst absieden besenbinden tod abdim anabathema not einsenden anbei buendniss viehstand 405654 adnata dasein asbest evident sand ahead

8.

Hinan aussieben des abandonnement amboina stint bedeuten abendimbiss dis medium abditamentum monsun dunsten absonde 560454 bestand todesstunde abstention vision busenband anbeten einsieden visitation novitaet adnomen sandbad habe ausbaden dastehen dessin aussieden hindin 45046 ahena abbandono tomb amboisienne menuett dohne abendsonne bedeutend stoben abdite anabaton bestens abstand duese nabe abstinendi einstand anbieten busensuende adnubis dativ ausbau haben sandboden aide 6465 hinein ausstand desto abanet ambon bedeutsam dissident methode stute abdomen 04665 anadana tontine naben ebbe adonis abstaeuben betstunde absud

5.

a, w, j, 1

(4 Stunden)

a)

j a w a w	w a w j a	1 1 1 1 1	j j w a w	j w a j w
a w j a j	j a w j w	j a w a w	1 1 1 1 1	a w j w j
w j w a a	1 1 1 1 1	w a j w a	w j a w j	w w a w a
1 1 1 1 1	j w a j w	j a w j w	j j j j j	w a j j w
w j j a w	w j w a j	j a w a a	w a j w w	1 1 1 1 1

b) 1.

j d e d n	n a o d i	5 4 6 0 1	t v a o u	t d m t n
6 1 0 5 4	s i m h e	o d n a b	o v t u a	h t d u j
t a v u o	u n d o e	d j t w n	6 4 5 1 0	w v m w v
b n w j t	t d j u h	a o u v t	n d j d w	0 5 1 6 4
b t a j s	6 4 5 1 6	v w w v m	m w v w v	n d d u m

2.

u t v o a	m v w w v	a d o a n	4 4 5 1 6	o u v a d
d w n d j	5 6 6 1 0	h u j d t	d u w b j	o u j i e
1 0 1 6 5	e h m i s	e o d n u	v d j a d	j i v j s
o u v a t	i a n d o	e n u o d	n d h i v	4 0 0 6 1
d n b j t	s t b j a	4 6 5 5 1	d s j a b	v t b e e

c) 1.

Jaeh abendwind wessen jaehe 1645 west jambus westwind jambe weite hinweisend 64151 wissen adjutant unbewusstheit wuetend waisenhaus ostwind 50146 dehnweise jean westen steinwand wissend unweise missweisend swoboda waisenstand diwan 40145 weidmann eheweib wamme janitta wette boje witib unweit mitweinen ausweiden wittum wams sanitaetswesen weide eiweiss weisswein inwieweit wende jasmin whist stossweise 0561 jod witwe unwissend

2.

Ausweinen mitwissen wamsen sausewind bewandt wem johann weiden eija weisseiden iwan unwissenheit ausweis wand john 41605 bewandtnis wen weidenband einwand weissen wenden inwohnend wes wannenbad beweiben wettin jaeten wieh 50461 stundenweise wo ausweiten moewe waje wanne beweis wob weidenbaum 61045 seemoewe jaethaue wie einweihen subje auswinden einweisen bewenden wamst einwenden 46411 einwinden ja abwehen seewesen wohnen judas najade viehweide einwohnen

3.

Bewinden was weihe 161514 seewind je jude anweben wabe bewohnen weihestunden anwehen wohin tonnenweise bewusst 156640 weihen abweiden widmen jede seitenwinde totweinen judenstadt anweisen 61550 weit seitenwind jedes wies abweisen anwenden womit judentum 40516 biju entwenden abwenden wiese jueden anwensend badewanne

64015 entwinden wein sojabohne wieso abwesend an-
wesenheit wonne juni umwehen bajonett bissenweise waten
weinbau wind jemand sonnenwende abwesenheit umwenden
wovon bittweise watt

4.

16456 weinhaus entwoehnen abwinden sowie jenes wind-
hund justus umwinden anwohnen 65614 naseweis bejahen
watte weinmost etwa windhose jemine stadtwesen um-
wohnen just beinwunde naseweisheit wau etwas wauwau
weinen ess abwohnen jene unbeweibt 56144 jute wune
beiwohnen maja weben jove hajes weise jenseits winde
wund ausjaeten matjes unbeweint wunde 4510 bejahend
webe buehnenwand weisen jenseits winden 1645 un-
bewiesen ausnahmsweise wade obstwein buehnenwesen haus-
wesen weisheit jesuit unbewohnt majestaet wadenbein

5.

Bundesweise weh wehe 1564 hautwunde wehmut majus
unbewusst wahn wehen heimweh wismut jesuitismus un-
wesen 14056 wusste wahnsinn weib jesus witwenstand
massenweise ausweisen wust waise einweben weitab johan-
nis wut wann weitaus hinweis johannistag 1056 jota
mietweise wenn wesen jovia monatsweise hinweisen tjadauw
abatjou jehova abmajot abjusten ausjaeten disjunitiv 10451
justinian dijambus dijudition dejet dejeune ejation jesaias
ejaet antimonjodit benjamin ejusdem enjambement 51104
ajustement enjeu amajo ambubajen janus maja enjevent
ambajo dowage awwe dowas dubbeje westend tatjana
datje moeve ejus bivaje aja disjust semja

6.

Subsidien mindest division abhanden abenevis anatiden edition nativitaet umband bindeband addition adamite 6454 obbenannt eisenbahndamm adavas hansa ausbund debit amadine diadem baden sediment hueben abattant amendabe 4645 mine abhauen substantiv beeiden abib andes neben binnendamm ade ende andante advehin ·debitum ausdehnen hansestadt amanda seebad 4605 badende diamant abattement beenden substitut abheben abies andabat ehedem nebenbei adhaesion unbebaut bis addenda andeuten obenan

7.

5564 Advena haube ausdeuten amandus diamantstaub bahn sehend huhn battuta abhub subvention beet abinitio andabatismus boa adieu nebeneinnahme eibe hebamme eibenbaum 6456 abatvent abmahnen beheuben boden unbedeutend adonis neid addi obmann anhaben advenant dehnen hebe hebebaum amanuensis studien ibis seide bahnbau 66405 diaet abbas behauen eid bodmen addibus anheben oboe heben ausdienen bahnbauten seidenbast 4604 hund addio obst anhieb aushaben hutband seidenbau avisboot

6.

n, g, ö, 9

(4 Stunden)

a)

ö g ö g n	ö g n g ö	ö n ö g n	n ö g ö n	9 9 9 9 9
ö n ö n g	n g ö n g	9 9 9 9 9	g ö n g g	ö g ö g n
ö g n g ö	ö n g ö n	9 9 9 9 9	ö g ö g n	g ö n g g
9 9 9 9 9	n g ö g ö	ö n g ö n	g n ö g n	ö g ö g n
ö g n ö g	9 9 9 9 9	ö g n g ö	g n ö n ö	g ö n g ö

b) 1.

g ö b t e	i h m a t	u ö i o n	j w n g ö	9 1 4 6 0
t b g e w	j ö g w n	d n u b w	0 6 4 1 9	ö d a s b
g ö w j n	w b d n u	e s g j ö	t a m h i	9 4 0 1 6
b d u v o	4 0 9 1 6	g ö j w n	w v h j n	w e t b g
a s b d ö	m j u g d	4 0 6 1 9	m a t h i	u ö i o n

2.

b t g e w	9 0 6 4 1	u v o b d	b s a d ö	w b d n u
ö j g s e	u n d b w	n ö i o u	0 1 4 6 9	d g w n u
g j ö s e	9 6 4 1 0	m h i t a	j ö g w n	t e w g b
h g m u j	d b u v o	j w n g ö	e s g j ö	1 0 9 6 4
d j n v w	t e w g b	m g d j u	4 9 0 1 6	u v o b d

c) 1.

Abigeus sabasiös masegno 9419 abbangen gajö adowing taediös ansage nawaget aigu badiaga beanstandung dis-gegation 1059 gemme emmeniagoga isagoge abhang geno-veva agatho daemon 9519 dagöman augenweide noogenie anagnoss bijou 549 begaengnis dugung adegunde smegma migien ignatius agende ginsend gagha vantaggi aus-haendigung önisma anöa beguenstigen emmenagoga 1909 adöa stomatösis monostigmatigie magnanimös angehaenge haggadah agnus vivivagus ausweg össmund jatagan dia-gogion beinig

2.

900 Euhages anhaengig bassgeige benötigen sagagöttin mastigotöse homöototon abbeugen gananga unguem tanghinin ansagung negativ aiguade 459 badigeon beaeugen disjet 0401 abege segegatation isagogium abhegen geöde agathogö ausatmung 1594 biös disöja mögen höhe adeagie soggetto

migma göttin joiös agens gigivit agide höhen 49561 vega aushaengeboden notage anagoge beguenstigung endösis adöitis studiös magnatgebiet 5949 haggai magnus waags ostös gagaisma

3.

Beistimmung enöma waggon 0009 besagen adenogenesis sagaje mataegöie abbiegen gambage judii tantös aussaugen neginah aijag badwinge 4191 disjuntion beseitigen absaigen sententiös meningogastitis abjagen geögonie agathos 6459 nubiös anagogie begeben bös soigneusement mignon jödh 406901 möwenauge agent gnajatin aegidius vegetativ aushebung ossnist augias anöonomata degage engageant nöte maganatiga magnetismomagie anging 5469 hagiog agoge wamgum ausweisung ossös diegesis beiwagen

4.

Eunömia nötig anjagen anhöhe besagt 9105 ödematös sagagengummi meduös homöethnie abgabe gaminge aigi taöismus öde nego aissawang botwinjö bedingungsweise beseitigung gangaenosus sewage mesogenogist isogenen abnötigen geognosie agathon ausbeutung mugget andogenie biviös begebenheit gjöa bug adöogave stenagma 901910 misjegin jowat aegide genesiös aegineten vegghia aushöhnen obiviös ominiös anegetis biamös begegnen nowaja böses adöogie statiös juge

5.

Agio gnomen aginnianen 65915 öse venös ösovagus antagonismus degageant endösmoment adönai 1905 subgobös muagogummi söhne magong angehend majong agonie wamgamgeo auswendig osteogangaena augmentativum diggings beiweg evagation annagen besagen abednego saggio 1919 medenagan howadjig abgang ganivet tönen adventsonntage tauage ansehung negotiation aja bagage disjust vaginae sewing jagajahiten geognost tsongion ausdehnung öda angad bödomion begegnis semja adigös steatomatös mitigitativ jugeum agitation gnu agio venugösis 04591 aussage

6.

megagenon geistesgenossen abgehen ganaw aediog theagog ansingen negus beaengstigen ajing bandagist bedienung distöma bestaetigung adage shag metageitnion jagonen absengen 1945 geognosie agave tutanögo ausgabe odiös angidion bogiswa begehen edwin adjagent stöhnen mnemösine magmaga agonie magog agiosideon 0916 viaggio aussagen ogives anthomtöus behagen besteigung beaengstigung adös suggestion javagabe navaga mammös angenehm hoagoga agonothet watagen bagage östus avajige diöges 4690 bejahungsweise evigiation abgegation sauguisuga meganthotogenesia age gannew aegissement

7.

Theagogie ansteigen gewoge ajisgat banjös beding diwgie betaetigung 10905 adagia siagonaga metagogie jambage absingen abeastos 95019 ujbanöa abgiitis ausgabenbudget odö bojensteg begehung euböa egmont adjustage stenösis mogg agnos angegossen absingung gojim agiotage vitiös aussagung bannig 90543 ausjagen demagog begabung

behang enevage benennung suggestiv navigation abgeben
böse manatiös böig august abguss bagagewagen anstössig

8.

Baehung 91461 wawog otiös avantage bedingen diögesan
ewitage beugen bogig anhang agave avhigit sawjeg
megagothie abgemessen aengstigen gangie angu 19469
anweisung bange augenweh tiböse nemös ajmö bedingt
basenwing divagation beugung bögen 19069 adagietto
megatöus ignav abgeneigt geuges agema ausgang ubbö-
nisten odöntagogium angiodiastasis begiessen bowing egestas
bewegen böden adjustageuse stegnösis moggia made-
gasse ahnung absteigen angegangen vigan omega
obgatine behangen 11964 beginn dejag ennosigös bewegte
bö suwagott

9.

Navigationsgenie bissige begegnung manganmagnet abgeneigt-
heit homöon agt bandageanwendung 0594 wainangs avenage
bedingung diögesanen evö bigotte bewegung abigeat mege-
thogogie aejiag abgesagt angesehen ganjawas baendigung
togtgangen meodemöd ajö jovegg beeidigung benedeiung
bastaggo 00091 diwang bewohnung adagio sigma metanöja
abstieg udönes amtsgenosse göges agenda ausgebot ödem
angiotomie begönne bemannung 014569 bowiegg ego ade-
gation stenogstegnosis mongogös göthegasse anbeginn ab-
tönen gonöa agitation aussendung ausgedient vigigosön
ominös antösi behausung beginnen demagogie annujös
564920 sumtuös

10.

Angesessen angetan abgesang homöosis agtestein baendigen assignant weaving ovogonismus avijagd bemengen 91109 beendigen diögesanstatus göa biegung abigeatus miösis indigogen angewöhnen ganöden agah assignat tomentös ajuggi beendigung bavajadön dogat adagionogie siamang-gattung metöse janhagen abtöten angst giaguguno ödematie ausgegangen 91104 auswöge uguentanii angitia gewönne benagen bogajit

7.

ä, c, q, y, (Punkt)

(5 Stunden)

In dieser Gruppe befinden sich schwere und wenig gebräuchliche Buchstaben; sie wurden deshalb an dieser Stelle genommen, um bei den weiteren Übungen diese oft wiederholen und sicher einprägen zu können.

a)

ä c q y ä	c q y ä c	9 . 1 6 5	q y ä c y	c q y ä ä
q y ä c c	y ä c q q	ä c q y y	4 5 6 . 0	ä c c q y
0 . 9 5 6	c q y q ä	q q y c y	ä y q c ä	q q c ä y
y q y c ä	ä y q c ä	c q ä c ä	5 5 . 4 9	ä ä c q y
9 5 6 4 .	q y ä ä c	ä ä y q c	y ä c y q	ä q ä c y

b) 1.

ö c ä w g	o h ö n c	t mi u o	9 4 6 . 5	u o t mi
5 0 . 9 6	w v my c	j ä i b g	mq v w v	ö j u c a
ä e s b a	i mt o u	5 . 0 9 4	t s g d y	s y ä h a
g ö w j c	g b i ä j	4 . 5 6 1	s h a y ä	d v b n j
ö c ä w g	ä j u a c	ö h o n c	g ö w j c	6 1 0 . 5

2.

i mt o u	6 5 . 0 1	g b i ä j	u o t my	q ö g w j
ä e s h a	i ä i b g	w v me w	1 0 9 . 5	s ä h u q
t o u y m	t s g d ö	ö w g ä c	ä d t s g	1 4 5 . 9
g b d ä j	c ö q w j	4 0 . 1 9	i ä j b g	c n ö h ä
d n j b j	4 . 5 6 9	my w v q	ä d t s q	y mt o u

c) 1.

Votatät täaut hämatoscheum busque schaden doch unbeachtet deichdamm nicänisch ichthyomantie isodynamie schamade huebsch docht 601495 angängig chauvinist andichten endabsicht didynamisch dignität cystotomie batäna anämatose unbedacht eibisch abscheiden anämatose enthymius saway quästus methystic deichbau anschaben voyage hämatosis byjy schwimmhaut jäh cuique niqua ichthyosis cavaquet subjectivität isodynamisch abjochen schwimmen angäbe abäcad 460591 schwimmhose abschwächen assuität cystis anämesit eutychie cöna sawody abschwemmen westentasche quay metonymie voye acetyt tyssodith jähe schwinden schweisstuch nimietät

2.

Ichthyt istävonen angehänge staubschwamm misswachs 65691 cystisch evonym quia bettwäsche schwachsinn acetydjodid vybonne byssus weichen abschwimmen accymus 90456 digynie jochbein ausweichend ästhema cystitis anämosis sanitätswache bewachen say quebanta coätan saya metonymisch waddy caquebois anjochen schwäche stichwunde achäus hämatostatica 9460154 bythomene ady nodositäten jochochs bewachsen schwachheit subimität iscävonen schweissen juch schweden ängste hinc digynisch äesthematonusus schwächen schwemme schwaden cystodynie banditenmässig anämytis sayette ecco

3.

Mittwoch abwaschen schwund queen cognac meydan wähaby echemythie achys tacitus anwachs schaumwein einweichen hämatostatisch adynamie. nonqua subobscönitäten anschweissen schwamm abwasch itaque anticyhius concquassation ängstigen anwachsen juchten woche viehschwemme 6945019 dijudication äthematogannon schwemmen scheibenwachs cystogenesis banquonte anässis sayuete weidenbusch schwan jauche quei echiquiece 56194 wichs tischwein auswischen jach acicudä täda hämatosteon adynamisch nonquam identität scheidewand schwand entjochen jacobus anticyta conquassatum ängstigt abweichen wichse todesschweiss dindymene ästhematonusos wochenweise auswuchs nachschwimmen cystoncus banquette anäthesie sayon quema

4.

cohäsion scheinbeweis waschecht entschweben way 10469 acidität tädiös hämatus schwanen jedennoch wicht adynatosie intentitätsystem subsequence abweichend judendeutsch antidactytus conquete onhänge 059046 wach nachwachsen avisjacht cystotom anästhesis scheinwesen waschhaus schwanenbett says quena cohäsiv qui cystotomie scabosität coincident entschwinden entwachsen entweichen äd queue waynangs bachweide nachwehen wachdienst 9991 tädiosität adyton wedgewoody conjunct codivision

5.

Acidulä tädium waschwanne schichtweise bienenwachs novitäten tamäna idoneität anhängen novice ignya entweichen totenwoche nachweis ignya antidämonist anhängig badeschwemme schneewehe waschweib. dindymos ästhenie 64159 weihnacht schwanenhaut cysticecus banquiste anathymiase equämotosis jedoch lichter weite umschweben abodiät cystisin quichua ästhenisch wonach wachs nachweisen anathymiasis scadamygmus mysien baquet ecäquation waschscheibe schneeweiss bisamschwein quibus 954601 minacität ecthyma schwebe wachstuch nachwuchs

6.

Tänatus hämit westhäubchen tänia adytum schneewittchen schweben entwischen minythesis hämiten ädis noyade ectyum anwischen juedisch baumachs cacao noyau immanität cavität jacquas antidiäsis waschen nachwuenschen wachsam conquiescit anmästen cayenne succade schnittwunde schwebend wuchs 0091456 imminität jacquette wachsen bohnwachs schuhwichse conquisition ästhesis schwede abwischen wucht anwuchs immedietät annähen 6459106 absynth wacht schubweise bösewicht schwabach ästhetetium dacinque anathymionusos eccessität schwedisch windhauch anwuenschen dacquit bataque quicquid schächten quicunque coinquination wachthabend schwabe buchwissen subjunctiv

7.

Miquets weymouth edacität cynium anschwemmen ausjochen miquot iodohydagycum 1091564 ecuyes tänidium hämodiasmus taqui ädiog noyon cesität schwaben anschwimmen wunsch schwäche tanya ädituus numenty jacuess hämodia hauswäsche schwach beschweissen 405694 consanguinität tayau ädöum schweinisch schweiss weissmachen aquaticae hämodynamie weibchen wisch jesuitisch äneis successität änäas aussichtswache wunschweise 506910 anquetschen antiganymed ochsenwanne schweissbad wischen aussägen abya äneide centinayo wusch auswachsen schattenwesen jaquemat ganymed ansässig abyssus weissbuche schweissbund ästhetic

8.

dädeum esasicität anathymisch essequent dachsweibchen auswaschen essequien quidagium whiteboys ästhetisch majestätisch deichwesen schwenden eicacität accessität 1919 dionysien ästimatisch hinschwimmen waidasche weibisch basque anätocismus gäa msy quiddität hinschwinden mastwache weich wychucho egoität häsitation messwoche weiche jacht äta noyon nugacität inadäquat sequentem hochweise ausjäten beschwichtigen cacique jejunität äs nunquam hmoötisch segoviatuch ödematisch 105946 jenny antiyssa beschwingt anagnostisch böschung anständig accusativus angehaucht mönch conjunktim

9.

Ausweichung ästimium damasquette basquina anstände möchte höchst höschen mönchswesen anaye dämonicus gäistic anheischig bauchgegend ästiv 19556 gambaque mönchisch homoötisch ägidius quidditas mnemäon wys yacht beaugenscheinigen mönchtum acyesis quidquid teinodynie hessagaye cäcis mnemosyne ausbuchung begutachten yagube 95104 ejection tenontodyne äscus antiqua bauchgicht anschmiegen nystagmie inäquadität begutachtung antique jonquitte äsche hämagogisch böhnchen ästivation dämonisch bathymet ätsch bauchhöhe beaugenscheinigung auanti gaymedes quies commodität besichtigung tönchen äugen yacos abschwung besägt

10.

quis 10496 yam ecchyoma testä tönnchen magotgesicht cacochymia yamadschyi ästhesis ästomisch beschädigen beschönigung dämonismus batachiä ancyosis 90641 beabsichtigen bedächtig antejustinianisch gacy nativität quiescent astäa dämonist anciennität distöchie abschwingen behäbig bätynien quiet communität mocca seyba modicität beachtung beschädigung yamacis ecchymoma comödie thaddäus beschämung yamamaya 645091 nystagmus obäatus bescheinigen abgemacht ecchymosis acnä hedysma inästimation thyaden geognostisch javagegenbesuch ätatis chavaque joyeuse aticonvusivisch

11.

Antiquis buschig beimischung consecutivconjunction 56419 jowy aushändigen ästuatium bemächtigen beschönigen antiquitäten dämonomagie geodät beschiessung angstschweiss aushänge bayonette anconäen quietismus disjunctivconjunction ausscheidung abgeschwemmt ästuation geodäsie seytha cöna moquette bemächtigung aschig ausschwingen quietist ecchysis acnyda thyma hecysmomet seython jangsongschanghong hendiadys ätas obesität conästhesis yassa abgöttisch objektiv abgeschieden äternus äthios chaitya 046195 acönonetus thymiama ätit demagogisch augenschwäche jucundität ausjäten antiquum domäne tönchen ausgemacht

12.

ästyton dämonomamie geodätisch ausgewaschen abweichung astynom beatität anconäen ausgesucht magisch gigantisch geodynamit quietisten scytitis molybdän yatagan ödematisch stöchionet eccycema thymitis hesychast caducität atitis juchting agastisch singgedicht seytogenium objectivität 059164 yatisi etagenmässig achtgeben agamisch thymian chätosis ätius obique mäaden echo chiemseeisch heische consequence aussenstände astynomie mische moschee sechst dämonomantie astysie 01645 dandy schmeisse

13.

Sichte steche ancyogossum gibbosität quimos echt schmiss chemisette anetyca geusiodys scyutsbonde quina money yatsu echt-

heit hecht esche chios 564910 aquästus scheit schmidt siech
chemie thymus yembin hesychiast caque ätte obiquität hemm-
schoss eiche ich ecyema thymiosis caique 509641 moosicht
chemisch teich chebeque hesychasten ävia antithey consequent
hoch schote heimisch äcatini dodonäisch ävum schichte tisch
sechs sicht cheinque 14950 antitysie dodecadactyum asyndesie
mich seicht eichheim messtisch bey ächina seditiosität

14.

dandyismus schoss teetisch chiemsee angiämie quinaquina
asyndeton schicht stich schotte stoisch 66459105 dasyma
ancucysma quindecawon scheicht seicht scheune monogynie
yen ecthyma aquetta thyssen yendye hesychiasten sismisch
isthmisch etsch mononycha agägogiä obscönität mäcen sta-
matisch mathematisch yessos ecthymosis ägide incohäsion mo-
quant ischias attisch statisch aqua hesychia obsequent mäce-
nas ägidius 60606 astomisch sämisch chateau incommodität
many summität cheyscion antonymie contiguität chassis meta-
schematisch chaussee ägion domesticität 05050 metaschematis-
mus eustochius asynesie dasytes ägissida conecystitis schach-
matt schach

15.

Vacha moschus sententiosität asynodie 91546091 yenit eysäisch
tusch moschusochse schichau ägviidu acquiescence hyade ägi-
neten obsequien achse obatisch chibouque yeoman ägoc chic
schmusen asiatisch metastatisch sunday sundhya mäandetämien
antyion änes 56941 continuativconjunction mosaisch chemisch
scheich quijote asystasie anydia änos yatagan automatisch
astatisch chamotte daya anquietten atomistisch schemata qui-
chotte days 94615 sequeus quindenien benignität chaos sche-
matisch schott angustität modacität asystaton daisy

16.

Sequenze schematismus musiovisch mowesque donquichotiaden
quine deboquement anhämie sequents concavconcav· betty
601954 sesqui quinin debusquement quinette quinquette mos-
quito animosität semisque concavität bianca sicco quinqua-
genatus mousquet anisotachys mousqueton yatte 105964 im-
munität acquiescite highwaymen cavität ägescis yeidis enämon
fouquet äginmonie obsequiös acquis toddy camarque obsequium
yesca homogenität ägynie obstität enägismata acquisition
camyen yggadsi 96451 toque ägyos occasion enchymoma ho-
monyme ädöa inconcinnität yciang adquisitum toquet chicane
enhydis cambay aya chamys ycolo acquit toqui

17.

Ajique chiquito 1964505 tosca cambique susque cuique yo
tosy chymicus swächa mäcia anyste swanboy äon chymie
mäcuma äonen äoscjöbing äsch 109465 queen doyen äthomma
mäcusis äthumin decade ancyte swyta äschach dydadisch bib-
acität bye äonien convict 956405 annuitäten mäeutic äschi
äthymie gonecystoncus äonisch 6446509 gonyoncus mäeutisch
äthyum äscha dyadisch biconcav seyab mäiaätna 1056956
gonyaga amyctosis athymisch seybani quinquets bicoque qin-
quine annäus gäca seym gothique shanty quinquennium mun-
danität yquem encycia moya 046591 aquitte hocoque ysit
acquisita audesque

18.

Camönen acäitis 106954 acyesis moyens endiasys tutiya in-
consequent chymos yssavis cäment syamsia aquaticus chymeusis
yugada tyche tuyau octagynisch sycee aquac endymion acyo-
sis inconsequence young 546901 octavia enäma sycosis mäo-
nide yung queue syeint magnioquence humanität majestät

aquagium tycho ayosum symbama aquamanie majestätisch
aquamanus dycinesie ätos 014569 decastyon bycotydedon dyas
biboquet anadyn guttä gymnasiast shoddy convoy dynamide
dyadik quinta concinnität änja anodynie sywwens coque

19.

Dynamis biodynamisch quintaton 064951 atocität gymnasium
shy ändebo dynamisch anodynum quintana attaque öngesjö
dynast anocäcatho quinte 564956 gymnastisch siccativ ännchen
quintett yuganda 145694 masque abästen änigmatisch humani-
tätsstudien ennosigäos tymbe yungada tymma aysmus octostyon
musqua ennuyeuse uänos ogygisch yus 464915 musquitais
actänisiten ayta yusdom enäom tytäisch cdassy indemnität
mya 65646 ujbanya amädinen indigenä yussu actenmässig
symbiotik humidität hyacinthe ononychit cinäde jucundi ubietät
aysma indignität mayo hyaden coques onychismus äquation
564901 coq äste dynastie

20.

Symmacha äsbo atychie biquet mamey coquecot dyöcie ano-
möcythen ätvida atys gymnosoma symmicta 1019465 ananymus
sicyedon symmicta manegemässig coquet gynäcea synodisch
aquaticum äsby dyscoia sicyedonienne synagoge ästig audä-
anisch gynäcismus manequin coquette dysamie siquette aquä-
titien attys decivität gynäcia synactica 646951 dysanagogie
anonychie 4646 manichäismus äseda audäus bisque gynäceum
aquatinta coquin decoct bisquit quinticavus 646951 coquine
anonymität quintide my abdämmen question 0145691 enquete

21.

Activ hyades myaciten quoten hyacidisch ubiquitist quintinisten
abdämmung odyssee myce unanimität amboquie enquoten

ubique mycetes abendgäste hyanche ambagiosität quinto 016954 activität caquet mycema enthymen hyäne yassamyn mydas abgänge ambygonisch quisque hybo caque ubiquität osmodys quae mygmus 015945 hybosis ambygon individuität abgesänge acuität hydatis caques otenchyta synanastomosis synanche mantequitta äquationsbuch ingenosität coscynomantie dysästhesis cinnamyn 1056914 ingenuität äquationsbestimmung synäsis

22.

Dyschymie cinq äsung bisytisch inhässivbescheid antäus synätie äquatisch audacität bistoquet cinädie 564190 mannequinage cinquecentisten deisidämonie synätion 0156901 authenticität manque äquatisches deität gynäcoman abhänge simiä quod 046951 entität quisquis myocaditis enyos gynäcomanie myodynie hydatidoce simonidä abhängen hydatina quitt enyo acyanosie sinäitisch 656465 abmähen usque gynäcomast myocöitis equation unicität quittance hydatodes uämie sincessität abhängig acyesis unigenität quocunque myodynamos equestis hydatogenesis gynäkonom 1406059 abhäuten adämonie sinuosität

23.

Myodynia equidistant hydatoncus quoad abnähen yucca unität casaque amethyst quanta cinquecento syncettus quondam maquignon aquavit casaquin inhumanität aquetta amethysta 910564 coute que coute quaas cinquino maquigonnage dyscinetic inique synchysis autonyctobatie amethystion äquidistant dyscasie synchito coyan ayanco quasqueto 642059 äquidistante aysgensie iniquität magäue county quatän syucinemic dysgenesie äquices momasquin densität

24.

53901 quaden dyscinetisch damy hacyon quos siwaca quota
equies myonosos abschäumung adäquus boye abschäumen
adäquation hydoncus hämachat 159640 equitation ustawy my-
osis eques hydamie bombicin quotam adätation hämadonosis
uvaquecina casquen myositis hyetomos acquisita 1059461 equi-
voque casquet quäst sobietät myotomie adcität amöbäisch
quondam abquetschen hygea questionis equites casque quote
absägen hygeisch amöbäum quagga syndesmitis dyshämie
546029 avidität syndactyti masque desätine quai syndicat dys-
ämie city 591640 activität inobsequence äquinoctien antequenität
quaiage mastämatoncus dysis dessätine hysudyade

25.

Äquinoctium aya anthämotyisch dysmasesis hämagogisch inquest
sommitäten 466455 dysmastesis hämantin cassicität äquitacation
soscität syndesis mastodynie ävum anthämohagisch cinquant
hämatemesis societät mystacida equteuus quotation mythe
equus escudo hygeismus 046569 adhäsion hygiäa ab-
schwächen vanität quotisation hycsos vaquetos amönität ehysis
soy abschwächung hyces amönä quamasch mystagmus 964501
vaquettes quotidiana esythämie vacuität ämonisch condensität
hygiene castagnetten mytacismus abstände castität

26.

Quotidienne 695465 hymen amovibität myten abstäuben hygin
vaqueysa ämutation qua quamquam adjäcent cysma synicese
may matäotechnie 01456901 aquis inquiet syndyasmus dysmenie
quan matthäus ayacuchos dey adhäsivisch 645109 aquisition
cyan dysmnesie inquietation synechie äquivoca aydie dewätas
quand mataque cyane dysodie ädöonogie 901095 ecquis

aydisch dyacysis inquietudo synesia maya cyanectyma quando acquisition dysodontiasis mayonnaise aynie boccaccio inquination synhystetis cyanosis dysomie 11994465 ayuntamiento dyacydonium inquisit coccus äquität cyanotisch aynisch bonität anthydoica soyabohne esque quotient

27.

Thysis hämatit squamata näama 145690 quotität squatte quousque abstäubung hämatic näma esquisse usque äbte squaw quotum essäes hämatin 6645915 abtäuen etiquette veität squamös quovis nävi äbtissin ädöa bosquet nävus essayist hymenäa hämatinon condignität abwägen ädoha squamosa conductivicität etatmässig hymenäus 1469546 naivität abwägung ädöitis hämatismus nämets esq etique hymenäen hymettisch ämusie coäquant vacosität quandoque synöcisch mediävisten inquisition synode societät cyathus hymettos ämusisch 4650654

28.

medicäisch cybom quang coäquantität äquivocation vastität ämyche synonyma äqivoc quanta coätancus medietät acygie hymne amygdae coätan menächmen aquös ventosität quanti 510456 cyathoides acygisch inquisitiv synodaticum cybomantie venacität quantität 196540 acymiten ämystis insatietät synonym cycamen vibissä quäntchen acymon amythisch insequence 041965 aquatus cycidium acymum diät dyostosis staccato diäten sabäismus dyssynusie 549406 steganodä nänien wäsche diätetic hämatochysis abwäscht dysthesie bouquet nanquin achttägig diätetisch hämatocö saducäisch asquith dysthymie 5645901 nanny euämie dyas bouquin stenodynie achten hymnist dystocie aquosität

29.

Young nativität dystonie 654956 nävus euchymie hyson häma-
tocystis eudämonie diatyosis stichomythie acquit hyoscyamin
eudämonismus hyoides quantitativ insuavität coävus hyoscyamos
46645901 vichy cathynie quantum synonymie coätaneus men-
dacität quanwon synovia aquebusade viduität anädia mäncen
465140 quantus syntagma cyema mendicität cyesis quaquetisme
aytänöideisch cygnus cato sybtasis menyathin cynanche 65649019
aytänoces cycsiognosis synthema cyesiognomon masche achat
dicacität ascetisch cynegetic baby

30.

Anädyomene aussicht schmaus eudämonist 014569 sagacität
quas coccygeisch menanästhesie moschus acht viscosität dysti-
chie accumbence syjänen hämatodes adäquat haushoch tasche
1916 boutiquage ädoites navy hysticismus schmähe stomocydä
aussteche hausschuh intensität anticivisch conduction heys quä
hecce schmause haussuche asey huy äces hayeveau sasseques
coque saucay hayes haustuch schuss 05491 ayesha cave quasi
aqua sähe cash cheque säe schuft schuette yes äse säue
assy qua cascaes vecchia escu eyas sacht aussuche 55901
equia chausey caya siquia mastochse sämisch yacasia sciacca
caccia asch tauche heya ecce qvis caica yucca easy cayes
austausch viehseuche quase essequio

31.

Esquia euseye äsco iquique asche tausch häute scy cäsacea
ycacas ysa chuy seemacht täusche quay acquies haye acy
äh sauchy hay aisey havescesque seuche viehisch ay ussy
väces sacquecay 54601 ceques ascq chaussee seye hyvia
äcs vecsä csay yas ichy saacy hemmschuh tatsache issy

esceques isques esquehecies ehesache mäusich schavy esquey eysse auchy avey eichamt staatmache esques eyes aye vacquesie ey essay eichmass hochachte äyes stäcy hausey hachy aisy sauvicy

32.

Haccau eisschuh hochamt saisy vahey säcy essey euvy 64590 vässy tuch sache schach matsch sauvaques esseyes vauques aicy sävisy syas ehusqua auch hochmut yue sayce equus quis äsys savy scay ecaussics aushauche tusch quasey equey accu cuique quasi sässe äsis cävie ecquas schachmatt tusche syssy äye äque queue vächa 54456901 ecucey schacht hochstamin sucy häes susquehavai säuche häsche scey suaucy ausmache scham aucay vecques avay issey caesce cavice qua

33.

Seuchey äquus sevey hähe haue veuveu casca äse cayeua 009514 umschuette hämisch cussey queau yeve cacas vey cys cayeu icique hasche schaum cussy quivies yascy quese vicq cevey quessy anschaue schäme icca 46591 cecy squah säcua vievy säend micha scheu masche cucq queue ybes mischmasch umsicht cey ica sequese cisq vicsy quievy sequivice civeau ausschuss scheuche visy civay quicay yccu macht schmach ausschuette yuca vacasvica cuic 1910 quicey cuisyvy

34.

Missachte hauch schmachte yaquacus cyva quicy yacca hauche suche achat dionäa ästimation baseität anätia eyd schwachtmaticus quidam comität misogynie wonyn egayist neidisch anscheinend adonisch technysthetic haquet ansähe eyth änauten nudität 645901 inactivität endbescheid china schundbbuehne jaquenotte äthambie dichten bauch identisch donquichotismus anconäen sewagesystem quinquecentisten 601945 abnaschen domdechant moustiques eidechse anschieben yodith enciquetage aquisitionsdocument toy hoqueton ätingen chinin schande dichtheit ayo occident chyma swody mänaden aquäduct

8.

ü 2 3

(4 Stunden)

a)

ü w ü 3 2	3 2 3 ü w	ü w ü 3 2	2 3 ü w ü	3 2 3 w ü
2 3 3 ü w	ü w ü 2 3	3 2 3 ü w	3 2 w ü w	2 3 2 ü w
3 2 w ü w	ü w ü 3 2	w ü 3 2 2	ü w ü 3 2	2 3 2 ü w
ü w ü 3 2	3 2 3 w ü	2 3 ü w ü	w ü 3 2 3	2 3 ü w ü
2 3 2 w ü	2 3 ü w ü	2 3 w ü w	3 2 3 ü w	2 3 2 w ü

b) 1.

t n ä m i	2 3 . 9 4	w v n j d	c d h g j	a s q ü j
h i t u b	g e h m o	3 2 . 2 3	v d ä q w	c g ö y j
4 9 . 3 2	ö ä ü g y	v n w j d	t h ä v ö	s m u n y
o m h q g	5 9 . 2 3	a b y w q	t i h u b	a s ä ü j
ö v t h ä	ö g c ü ä	a o b w ü	i y ü j g	1 0 . 3 4

2.

v j d n w	2 4 . 5 9	c h d q ü	s m u n ä	ü e i j g
h y g m o	d n j v w	ä n u m s	v d ä b w	2 3 4 . 5
g j i y ü	o m h e q	ä s a ü j	ä u j s a	3 2 . 2 3
g y g m o	w g g ö u	1 0 4 . 9	t h ä v ö	i e ü j g
9 9 . 2 3	h m o g y	j ü ä s a	b o a w ü	c d h g q

c) Klartext hierzu unter Stoffgebiet 10 c .

9.

z 7 8

(6 Stunden)

a)

z g z 8 8	8 : 7 z g	8 : 7 g z	z g 7 : 8	g z z 8 8
g : 7 g z	8 : 7 z g	7 8 g z g	g z 8 : 8	z g 7 : 7
8 z z : 7	g z g 8 7	7 : 7 z g	7 8 g z g	7 : 8 g z
7 : 7 z g	z g z 8 8	g z 8 7 8	7 8 : 7 8	8 z g 7 z
8 : 7 z g	z g z 7 8	7 8 : 8 7	g z g 8 7	z g : 7 8

b) 1.

e s h t m	z v u a o	ö d o e w	7 8 : 2 3	z t v j ä
d b w j q	2 3 : 7 8	ö c ü ä z	i m n g z	h t m s y
u a z v n	n g a z z	u w ü h z	3 3 : 4 9	ö c b d w
c b a s u	u v z a o	u h n q y	n m i g z	2 4 3 : 9
b a c u c	ü ä z c ö	v j ä t z	2 4 1 : 0	ö d o e w

2.

o e w d ö	a s u b c	2 3 : 3 2	z g z m i	w u n z i
m t h s y	i z n u w	ö c ü ä q	i m n g z	1 2 3 4 5
o a v q z	u w ü h n	ü c ö ä z	w b d j q	6 7 8 9 0
n u w z i	ü c ö ä z	u h z w ü	2 4 3 : 1	c b z s u
i m n g q	y w u h n	ä j v t z	z t v j ä	2 : 2 3 7

c) Klartext hierzu unter Stoffgebiet 10 c).

10.

f L

(6 Stunden)

a)

f L ü z f	L ü z f L	ü z f L ü	z f L ü z	f ü L z ü
f L ü z ü	L ü z f ü	ü z f L L	z f L ü z	f L ü z ü
f z ü L f	ü f z ü L	L L f z ü	z ü L f z	ü z ü L f
ü z f L f	z f ü L ü	f L ü z L	f ü z z ü	ü z f L ü
2 3 7 8 2	3 7 8 2 3	7 8 2 3 7	8 2 3 7 8	2 7 8 3 3

b) 1.

b w j g ö	a u v L f	f h t L L	L f L i e	7 . 2 9 5
L s ä b f	f h u w ü	L t v f j	i mf L g	6 5 5 6 4
7 8 1 2 3	o mf L f	d n f f L	g ö j w L	z L a ü c
a j v f L	L g n mi	8 7 3 5 4	L f i e f	t m o f s
ä b c f f	3 2 3 2 1	v j f t j	n g L f m	d ö c o L

2.

6 5 . 9 5	u h f w ü	L f v j ä	ä s m e f	n u w z i
L f f g z	v t z j ä	2 7 : 8 7	i z f q L	n g a q f
y y w ü h	z g n y f	i f L y f	mt h y q	5 4 : 8 9
n h f q L	c y q f y	ü c ö ä z	w b d f y	4 . 8 : 5
i z f L q	mt h f q	q n a u v	8 2 3 7 3	w d b c q

c) 1.

Instanz jazz vollzogen deichselblech 12467843 ölgemälde defizit zugleine schutzbündnis filz abbozo voluminös 543781 filiale aufmutzen inszenesetzung delinquent schutzengel mittelzustand ölgötze vulgata zugloch filzsohle aufquellen abellio vollends 378245 schutzhütte möbelmagazin ölhandel demütig filzen aufsatz gleichlaufend intelligenz 109243 schutzwaffe modalität glühend bleistift abellagium zugluft filzig aufsätzig gleichmütig ölhefe vollendung schutzzoll modellscizze abzielen völlig 223484 zügnetz finanz gleichzeitig abzug intelligenzblatt zugseil finanzanschlag glotzen 3846 öllese demütigen schutzzollsystem molybdän 2790 vollzog 487645 zugstiefel aufschaufeln glühen abzweigung umfall elefantenzahn schellengeläute wölfin 7887321 bleilot füglich anwünschen ölmühle umfallen schelfe anzahl löschblatt nationalsozialistisch

2.

Abzweigen 233457 eleganz fügsam lösegeld abheften wölfisch umflechten bleisiegel fügung himmelschlüsselchen wolfsfalle 873245 schellenschlitten loshelfen zeitlich ölzweig elendiglich fühlfaden abhelfen zelle abzwingen umfliegen loslösen zellengefängnis wolfsfang 592538 elf anzünden abhelflich ölen umfliessen schellenzeug losziehen zeitlich wolfshetze elfmal fühllos anzündung abhelfen abhetzen ölig 345890 bleistiftzeichnung

3.

himmelsgewölbe umfüllen zweimal fühlen löwenanteil zellig wolfsschlucht schellenzug anzwängen abhilfe stiefel abholzen familienleben baldmöglichst gelbsüchtig stellenhandel 2332058 zweifel abulfeda jetzig anzüge balggeschwulst geldadel jonquille olive stellenlos 3784496 zweifelsüchtig jovialität waffel anzüglich gelände alleinzigst abyla ölung waffe stelzfuss 1683729 zweifeln jubelzeit ozon anzahlung ballastschiff alleweil acanzis oolith 3435 familienstolz gelaufe zweifelsfall oolithisch wachaufzug anzetteln

4.

Allezeit 456729 jubellied wachszündholz stelzfüssig geläufig acatalecticus östlich demütigung fangball gelbholz allianz accedenz oval waffenfähig anzettlung 1056483 allmählich jubiläum desfalls stelze ballonmütze zweitälteste ozean waffengewalt fangzahn 235767 allodialgut ozeanisch zugvogel destillationsgefäss zugänglich finanziell achilles schützengesellschaft 287490 müffig wolfszahn detailhandel aufschläge goldblättchen achselhöhle schütze 272 5648 mühevoll wollenzeug umzüge zügel aufschluchzen goldfaden achtfältig findling 547235 mühewaltung wüchse unflätig zügellos aufschlüsse achtflächen goldglanz schützenfest 823565 umlaugen fünfmal finnisch mönchszelle

5.

Blitzblau fünffach luffa gölfe unfügsam fünftel schlachtfest äquivalenz mühselig 543870 blitzlicht zweifach astholz götze

wünschen zehntel schlachtgemälde luft einstündig 013579 blitz-
mädel assoziation ablauf götzenbild wüsche zwanzigstel zehn-
fach lüfte zweistündig unlöslich schlachtgetümmel luftballon
gülden 34689 blitzschlag zwanzigfach ablasszettel fünfstündig
fünfzigstel luftblase hinzusetzen gültig wüsche untüchtig zwölf-
fach hinzuziehen sechsstündig 024680 blitzschnell luftheizung
ablaufen hinzuziehung stilgefühl 046827 amazonenhaft abläufig
faselhaft basaltsäule zwiesel accliv

6.

Zentifolie stilübung geldumsatz aashaftig lachsfang hitzbläschen
faselig 326870 ladefähig zentesimal 187246 gelübde zwieselig
qualmen abhängen abläugnen stilvoll basschlüssel acclivität
quell zettel faseln 914627 ambulanz ladegeld hitzschlag stoff-
wechsel gemetzel zwillich qualmig zeugungsfähig fastenzeit
amtsmüde läden wahlzettel ableuten fatal gemüll zwilling
quellgebiet stillhalten 280945 amtsstübchen lafette waizen ziegel
bazillen gemüseladen laffe waldflachs stofflos beblümen acclu-
sum quellmoos dezime fatalist 3748269 zwischenfall lallen wald-
geflügel quellsand dezimalsystem 28743 aufschwellen zuheften

7.

Schwefelfaden mündel günsel wüst waldlilie flächeninhalt auf-
setzen neunstündig diesfalls schwefelholz 519437 mündlich
wüste zuheilen 682719 aufseufzen günstig unzahl schwefelgeist
flachgeschliffen zehnstündig wüstenei zuhilfenahme 34872 münz-
anstalt unzählig elle wäldchen flachland günstling wüstheit
zwölftel distanz 6912790 münzfälschung unzeitgemäss zujubeln
aufsitzen güsse elfstündig elftehalb schwefelgelb fläche münzfuss
wüstling unze elysium doldenblume 248391 gütlich unzüchtig ellenlang

8.

Lächeln aufsollen wüten elyäisch blühen schwefelhaltig gymnasialbildung unzugänglich wütend blitzesschnelle schlafmütze luftloch 254682 höfe schlachtschiff atlasähnlich hitzblase ablöschen fäule fünfzigfach luftlinie 468732 ziegeldach stolz blossstellen atlasglanz hochzeit stoizismus faul schlachtschitz luftschiff 048276 ablösen gemütlich fünfzehnfach 234825 hochzeitlich ziegelmehl amüsant äthyl luftschloss ablöslich stübchen fatalität blühend 5469038 ablösung ziegelei bedingen schlafgeld ätzlauge hochzeitsfest stufenfolge faulenzen fünffältig luftziegel ablöten stühle beeinflussen schlafmittel 237828 ziegenmilch

9.

Fäulnis quelle zweifältig ätzzeichnung abmeldezettel beeinflussung blümchen lüftchen hochzeitszug stuhlgeflecht quillt schlafgeselle 46901487 ziehgeld faustschläge befalbeln gemüsehandlung abbestellen quellen walfisch amüsement lammfleisch 347809 domizil zulage zwischenhandel quandel zulangen schwefelhütte gemütsleben 0468925 walfischfang flachsfeld analyse landaufenthalt domizilwechsel aufstellen zwischensatz 1378924 zulänglich flachsgelb häfen absätzen quintessenz walfischlaich schwefelig aufstellung gemütszustand 6453789 dozent flachshechel münzgefälle anbefehlen landadel

10.

Walhalla zulässig aufstützen zwischenzeile 3528372 düffel schwefeln münzsammlung abbalgen quittengelb wälle flächsen auftafeln anbellen landflüchtig düfte schweifsäge münzsystem abbefehlen 878782 auftünchen hafengeld zwischenzeit wallach düne flacon münzwissenschaft hafenzoll zwölfstündig wütig unzulänglich atzel zach zahltisch engelhaft 3458720 schlafsaal fünfzehnstündig blumenähnlich zehnfältig ätzen haff unzulässig 96541752 schlafsofa lüftung zaghaft engelbild schlafsüchtig audienz lüftchen sechzehnstündig 14653290 fünfzigfältig lüge ziehlen haftbefehl engelgeduld

11.

Schläfchen atzen hofball zähe unzweifelhaft 58732460 lügen abmühen zahl usuell blumenblatt ätzend hoffähig haftvollzug engelgestalt schlafenszeit abnutzen siebzehnstündig 46891248 aufbefinden hoffest zahlstelle schlaff fünfzehnfältig abquälen uzen engelgleich 3428765 lügenmaul hofgünstling zahltag blumenbüschel lügenhaft abnützen hofhaltung ziehseil fazit befallen genüge anfall stuhlzwang andachtsübung 378456 abbestellung ziel feenhaft genügen 23486 landläufig hofluft beflügeln zyan abbezahlen quittenschleim abnutzung fehl genüglich landluft wallfisch ziellos beflügelt anfächeln

12.

3876546 quodlibet stündlich fehlschlagen abblitzen landsitz quoll zielbewusst genügsam zyane 24790 wallung stutzbüchse genüsse anfälle landzunge quölle zielscheibe beflügelung zynisch 38240 walzblech fäustling gequäle säbelfisch wälsch zielen befühlen zynismus landesüblich wälzen stützschwanz anfädeln 2501643 wechselfähig fechtübung gequollen säbelgefäss dünge walze düngen schwindelhaft flageolett münzzeichen zulaufen aufwallen 238450 hagelschlag schweifwedeln münzen halbbildung zahlzeichen düngung flaggensignal 782809 vasallenschaft zuletzt aufwallung halblaut achtzehnstündig dünn

13.

Mütchen 2544083 zählen vehemenz zulöten flämmchen halbmetall engelgüte dünnschalig aufwollen 707807 zahlenfolge

entfallen zumal mütze halboffen veilchenblau blumenfest
schwellung mützenschild neunzehnstündig enthüllung zunageln
aufwühlen 23568 veilchenduft blumenzucht dünne flammenglut
zahlenmensch enthüllen schlagball aufbehalten lungenbläschen
zimbel 24735 lullen hofzwang ziemlich stutzschwänzig schlag-
fluss absäbeln fehlschiessen 245387 aufblähen hoffentlich stütze
begnüglich anfänge lümmel zille 4823490 fehlschluss geschäfts-
aufgabe schlagflüssig absatz subsistenz aufblähung hoffnungslos
zimtblüte begünstigte lümmelei absätze südöstlich fehlzielen
anfänglich

14.

Schlagholz hoffnungshütte 5235785 begünstigung aufblasen
absatzfähig zimtöl fehlzug geschäftsleute schlagnetz höflich
südwestlich geschäftszweig anfeilen aufbleiben absatzweise
1925 fehlen anfangszeile lümmelhaft zinsfuss geschlechtsfall
anfaulen schlagschatz abschaffen 1935 feigling geschliffen
abbüssen ländlich dünnheit zündhütchen schwölle sächelchen
1233245 flammenlicht langmütig watscheln 946348 schwüle
aufzählung abbüssung saffian dünste zündloch flanellbluse
wechselbalg 732567 schwulität quasseln lanze

15.

Dünsten zündschwamm aufzüge lasziv wechselbeziehung 809132
flammenzüge abcschütze saftfülle duodez schwülste mystizismus
wechselfall 2346925 ausdünsten lattenholz saftlos dutzend flanell
qualify abdünsten wechselfälschung schwülstig nachäffen saftzeit
7673415 ausdünstung lattenziegel zündhölzchen schwünge nach-
äffung salatöl 38723509 flanellanzug halbschlaf viehstall blut-
blase 2587478 zwanzigstündig entmündigen schlangenzunge

lünse zahlensystem viehzeug 358725 fünfzigste halbstiefel entmündigung schlehenblüte aufblitzen zählung viehzucht 345230 füsse lüste

16.

Einundzwanzigstündig schleiflade aufblühen halbstündig blutfluss 782590 fussballen höfling zahlungsstellung vieläugig schleifmühle aufenthalt aufbügeln vize entschlüsse 325673 fussfall lungenentzündung halbstündlich blutgefäss hohlfläche zahlungsfähig bluthänfling fussfällig lungenflügel viehsalz entsündigen 4878250 hohlgefäss feil halbwollen vielfach schleifzeug hohlgeschliffen 1928 zweiundzwanzigstündig auffädeln lustgefühl feile hohlziegel abschaffung zivil sündlich 235807 zinstabelle feilhalten geschwätzig abdünstung abschälen begütigen 4592780 lätze wegfallen süffig feinfühlend anfesseln abendländisch zinszahl

17.

Behülflich geschwelge laubfall salatschüssel abschätzen sündigen 45624830 abendluft sülze geschluchze anflechten laubhüttenfest zinseszins feinfühlig 372482 salbenbüchse abschätzung behüten anflehen abendmahlzeit sülzen geschützt 45625887 läufe wechselfolge zitadelle beifällig auflehung sälbling hälfte abschaufeln geschüttelt laufzeit weiselzelle sündhaft beifügen 2438790 salböl wegeilen zivilist geschwätz anfletschen laufzettel fläz salbungsvoll sehnsüchtig ausflüchte halbwüchsig zündstoff flaschengestell 237905 zahlungsmittel weizenfeld seifenblase nasenflügel fünfzigstündig saldozahlung flaschenzug 468452 halleluja zünden seifenlauge nationalstolz zahlungsfähig duzfuss flegel 374290 fünfundzwanzigstündig zunft ausfallen 213150

18.

Halluzination edelmütig seilziehen nationalität zahlungszeit zünfte ausfallstellung hälmchen vielfältig edelwild flegelei 359680 entsündigung zunftbuch ausfallzeile zähmen entzügeln efeublüte salzseife hälse vieltuss bluthochzeit segelschiff ausflüge entzünden blutlauf ehehälfte 257853 vielfüssig entzündlich vielgeliebt schliff galaanzug lynchjustiz schleusenflügel auffallen höhle abschiffen fusszehe galgenvogel 2347820 zivilanzug blütchen lustgehölz höhlenaffe abschläge blütchen vielgestaltig

19.

Holdselig auffallend 3478921 süssholz schlichtfeile abschlags-zahlung füsschen auffällig 3401647 zivildienst blüte lust-wäldchen hölle süsslich feingefühl schliefen auffalten 873290 syllogismen gaffel lüstling höllenleben zivilgesetzbuch blütezeit auffangglas abschläglich süssling schlingel luv 234571 zivilehe feingold gaffen höllenschlund abschleifen feinzinn schlitz lynchen 933456 syllogismus felbel zivilisation anfliegen abend-stille läufig salbei beifügung 2378470 salzblumen weizenmalz geschwollen abendzeit welfe eichelkaffee zunftmässig feld anfliessen läufte 346780

20.

Selbstentleibung beihilfe laulich salzfass wellblech zünftig geschwulst abendzeitung 279460 eigentümlich gesellschaft an-flössen lautlich selbstgefällig feldblume 4683289 züngelchen beischlüsse lavaglas salzfluss eilzug flehentlich anflüge lawendel-blüte wellfleisch selbstgefühl gesellschaftlich salizyl einbüssen züngeln beischlüssel 2378460 salzhandel fleischabfälle anfluten salonfähig wellenlinie selbsthilfe gesetzlos 5946321 einfädeln zungenheld fleischgabel ausflüsse fünfundfünfzigstündig nebelbild achtungsbezeigung vielliebchen 378490 ausfüllung zähmung entzündung bolzen fleischeslust vielmals 9453280 schlossbeschläge nebelgebilde zähne entwei bübchen gallsüchtig

21.

Ausglühen vielsilbig 32487 schlüssel auffeilen halsentzündung enzian schlosshof gallensüchtig negoziant zahnfäule bübisch 542782 gällen ausgüsse vielteilig eozän schluchzen auffitzen negoziation zahnfeile 4609137 gallenblase halsgeschwulst vielleicht eselsfüllen aufflammen aushilfe zahnfistel büchelchen gallizismus nesselausschlag 2384730 schlünde aufflechten halsschleife vielheit etüde büchse auffliegen schlussbilanz lysol höllisch abschleifung syllogistisch magazin 348290 zobel feldflucht belanglos lyzeum holzabfall zölibat syndizi gesellschaftsanzug essenz 784930 abschlüsse

22.

Belügen anfügen magnifizenz abschmatzen szene gesetzmässig lyzeen holzähnlich zobelfell bemühung abfädeln 209350 abschmelzen feldflüchtig anfügung mahlfläche holzlage zofe bemüht gesetztafel 5943375829 abschmutzen szenisch anfühlen lefze holzbeize zoll felddienstübung abfachung 19232558901 tafel bemüssigen lavendelöl holzbündel zollansatz felddistel anfüllen abfüllen 03782 tafelaufsatz gesellschaftsmitglied leesegel zollanschlag feldflasche anfüllung abfällig abfangen legalität salzquelle zusatz netzball wellenschlag selbstliebe 7854632 villa salzsäule zusätze fleischlich

23.

Neunzig handmühle lehnshof selbstsüchtelei aushülsen 981230 viole welschland einfältig fliegengift nominell handwaffe salzschaufel zuschaufeln aushilfe 564360 villen weltall einfalzen selbstsüchtig notlüge händelsüchtig lehnsfall zuschlag fliegennetz 015378 viola salzsole selbstzündend auslüften handelsbilanz weltausstellung flintenbeschläge 42156793 salzzoll einflössen auslüftung handelsfach weltblatt zuschläge nestelstift 532198 salzig senfbüchse ausmünden violinschlüssel salzen einflüsse netzbeutel vigognewolle vigilien achtungsvoll 143568 schlüssig gängeln zahnfleisch eventualität ausflug mahlzahn achtgeben büchsenfleisch gänzlich holzfällen 27854 evidenz

24.

987523 auffüllen mahlzeit matz zahnfüllung schlüssel gaze holzfloss abschnallen achtzig büchsengemüse malefiz zollanschluss ewiglich 135479 gazelle holzgefälle abschnitzeln achtzigstel schlüsselbein aufgabenheft zollaufschlag zahnhöhle 124693 geächze maliziös abschüssig fabel schlüsselblume aufgabensammlung malz ächzen büchsenlauf geblümt holzhaufen abschütteln zahnlos 870752 mahlmühle zollmass 32856 fabelland schlüsselloch holzhof zollstab 27910 zahnstift 1037952 gebüsch holzlese abschütteln zollstation tafelglas benützen gesetzlich abfassen feldgeschütz angelfliege 53270 lehensfolge sandelholz tafelzeug geseufze abfaulen benzol leichtflüssig einfügen beschmutzen 931728 sanftmütig zähnen

25.

Täfelchen angelegentlich lehmhütte weltgetümmel feldhütte gesöff 462783 sänfte einfügen täfeln anglotzen abfeilen leibesübung violoncell beschlüsse gestaltlos 012513 welthändel sentenz taffet angstgefühl abfeilicht sättel einfüllen feldlilie gestellungsbefehl leichtblütig zuschlagen talentvoll 456723 sattelzeug weltlauf vlies feldsalat 6321902 abfeilschen einfüllung talje beschütten anhelfen sätze weltmüde feldschlange getümmel satzbildung wenzel vogel einfüssig ausmündung vogelbeize noviziat adelstitel zuschlagsbillet 432780 handelsflotte violinist senflöffel notiz adelsstolz zahnweh fabelzeit zuschliessen ausnützen aquila vizinalbahn ausnützung flintenlauf äffchen

26.

fassade schmelzen zuschmelzen 349328 zahnzange senfmühle novellist handelshafen fachbildung flintglas ausrüsten affe zähnchen büffet flitzen 6453780 handelsschiff büffel setzzeit novitätenzettel affect fachschule flitzbogen 0310289 affengeschlecht bügel setzangel novize handelszweig hübel zängelchen büffeln schmähsüchtig gefälligst malzen holzstall taljen geduldsfaden 238402 abschwätzen feldschlacht aufgabeln mangelhaft zollstelle tänze beschützen schmelzglas 467235 holzwolle feldschlange gewitzel gefabel mätze abschwätzen tanzfest beschützung aufgeblasen 246970 zollsystem

27.

Feldschütz gewölbe schmelzhütte mätzchen holzig tänzchen bezahlen gefälle 547327 absenzliste wildschütz geübtheit aufgeld matzen zubilligen gewölbt anhetzen schmelzlöffel hufbeschlag tänzeln anlächeln 8735 gefallen 635908 absetzen taufzeugin bezahlung aufgelegt maulaffe zublasen feldübung gewühl gefällig 584210 absitzen täufling anlässlich aufglimmen hufzwängig zubleiben gezähnelt gezähnt abfiedeln leistungsfähig eingüsse setzling letztwillig 278503 wildfang zuschnallen flösse abflachen säulenbündel

28.

einhüllen seufzen aussätze anlauf 064258 zuschüsse signalflagge flöte letzlich säulenheilige wildzaun ausrüstung affig abflachung 645273 einläufig nunzius hatz anläufe wetzstahl zuschütten ausschlüsse äffin säulenhalle einlösen sündflut nutfalz haubitze lichtglanz 378206 flössen ausschnüffeln 1928 abflauen wildenten sitzfleisch nutzholz ahle säulenschaft zusetzen flötenzug nützlich 390794 einmünden flotille ausschüsse 1927 lichtzielen willentlich sitzungssaal nutzlos ähneln säulenstellung 460783 zusiegeln flötist nütze handlungsgehilfe vogelfang fächeln gefallsüchtig affenmässig 235890 bügelfest aufgüsse hüftlahm zäume vogelflinte schmelzofen gefallsucht hänfling

29.

Fadennudeln bühne maulfäule hüfte zäumen gefänglich 3872547 abstellen affinität vogelflug schmelzend aufhalten hügel zäume fahl 509423 bühnenfeld mäzen haselgebüsch vogelstellen gefasel aufhäufeln hüh zaumbuche 542387 schmelzung hühnchen vogelleicht fahnenflucht gefeilsche medizinal ähnlich 348726 bühnenheldin huldvoll zaungast schmunzeln aufhäufung abstutzen vogelleim 4653287 gefiel meilenlänge hülfe fahnenflüchtig bündel schnallenbügel meilenstiefel hülle teilhaftig feldzeichen bilanz gezeit abfleischen zublinzeln teufelei 234870 anlegestelle scala abszessbezüglich

30.

Gezelt abfliegen liebesflamme teilungszahl 3256480 liebevoll schaffell zubüssen feldzug anlügen abfliessen windeseile abszisse bezugsquelle gezischel lieblingssünde tendenziös 8725640 annullation schaffleisch zuchtlos feldzulage gezücht abflug winzig zuteil abtanzen bibelfest anqualmen schafhütte teufel fellhandel giebelfeld witzblatt einmütig zuchtmittel 682703 abflüge schaflamm abwälzen felge gezweige lief witzbold zustellen teufelchen bibelstelle liebeglühend einmündung zuchtvieh 73822837 giesslöffel witzelei schafsmilch zustellung oblatenschachtel vogelwild einmütigkeit flöz 278472 aczent fayence soffitte ausschütteln häufeln

31.

Zechgelage falb zustutzen flüche ofengabel allabendlich vollblut witzeln 3084528 heftfaden zechgesellschaft falbe solquelle flüchten obligationsschuld vogelzug söldling ausschütten 34590 alldieweil falbel einschlüsse flüchtig obszön heftlade vögelchen solchenfalls 4537820 allgemächlich büsche zutunlich ausstützen heftnadel voll schnalzen flüchtling 238094 allgewalt zedent falbeln flüchtling söffeln aussüssen heftel vollauf büschel flüge obszönität allgewaltig fall schnellfassend solidität austüftelei hehl zeichenschule vollbild fallgesetz schnellfüssig hüllen züchten felsenfest büssen aufhelfen abwetzen 307456 gefilde teufelin melancholisch hüsteln felsenhöhle schnellschütze 248076 abzahlen züchtig bildfläche büste aufhellung hülse teufelsjunge bildsäule

32.

Fälle meldeschiff 912358 abzählen felsenquelle geflissentlich 23468 hülsen züchtling giftblase bütte aufhellen abzahlung theodolyt bildlich schnellzug meldezettel hülsig züchtigen gifthütte geflügel 345901 abzahlungsgeschäft felsenschlucht büttel aufhetzen hündchen tiefblau giftzahn gehülfe mililote zuchtwahl tiefgefühlt abfluss aufheften 687042 hündin bildungsfähig geflügelausstellung metallhaltig tulifant glacis glanz abflüsse liquid witzling einschüsse anschlagsäule schafstall 37052 zuwälzen abfüllen wohlauf einüben solvenz flugblatt nationalsozialismus

33.

Glanzlos schafwolle 4569108 sozial flügel lilienthal wohlbefinden zuweilen austünchen anschlagzettel 3207803 sozialwissenschaft heinz abgeblüht schafzucht einübung flügellahm glasblasen wohlbesetzt zuzählen ausüben offen lielienzwiebel 5649271 einwühlen stachelfisch lindenblüte schäfchen zuziehen flügelschlag anschleifen 345820 sozialismus ofenloch abgeflacht schaffott einzahl heilanstalt heizen lindenholz wohlfeil zuziehung offensiv allmonatlich anschlüsse schalmuschel 250891 sozialist flügge heilquelle vollblutstute butzen metzel öffentlich zeichenstift 256087 schnitzel

34.

Hütchen alltäglich vollgefühl fallholz geflügelhandlung ausübung 380724 byzanz schnitzeln mesallianz offizial zeideln fallsüchtig geflügelt metzelei heinzelmännchen bzw chachenez aufhetzung hüten alltagsleben zeile 3460897 schnüffeln metallgeld auswüchse vollgültig fallwild gefolge abzählung zeilenweise 0942835 cellist aufholen hütsche offiziant vollhufig fällen gefüge metallglanz allzeit 325891 chalzedon aufjubeln hüttchen zeiselwagen 258705 schnüffelventil abzähnen vollblütig fallen gefügig auflachen hütte allzugleich schnellzüngig metallgold hyazinth züchtling titelsüchtig 308495 anschnüffeln einzöllig abzäumen nationalsozialist

35.

Tüllbluse billet glanztaffet abgeigen gefühl zufall fesselballon anschlüsse litze aufladen blasebalg 274801 lizentiat schalholz falle tüll 9027835 glanzvoll abgenutzt wohlfeilheit züchtung festball anschütten lizenz schallgewölbe abzäunung blattfläche glänzen wohlgefallen einzischeln toilettenseife 35342 abgenutztheit einzäunung zueilen festhalle glänzend lizitation schallwelle tüchelchen blattzeit abgeschliffen wohlgefällig abzäunen festmahl anschwefeln schamottziegel tüftelei 1038275 liquidation einzäunen zufächeln blattzinn glasflasche wohlgefühl einzelheft tüfteln festsetzen 646285 löffeln schätzchen wohlgezielt staffel auswühlen offiziell allee fälschen zugänglich

36.

Zuzüglich flühe 459231 heldenhaft zeiteinteilung staffelaufstellung offizin allzumal vollinhaltlich flüsse auswüten 143728 helfen zeitfolge chef zwanghufig heldenmütig allzuviel volleibig staffelei flüsschen 049258 fallisement cholae zwanglos azalie offizinal zeitgenössisch defilee folgesatz 249038 hellblau vollsaftig schofel staffeleigemälde offizinell alleinbesitz fällig claque zwängen azetylen zeitgeschäft schöffenstuhl flüssig 156347 hetze vollzählig fallit gefühllos staffelung offiziös zeitlauf geizhammel gehölz zwangsanleihe alleinhandel falls schuldbeladen folgezeit azimut 480253

37.

Öffnen vollziehen clique gefünft auflassen 1927 hyazinthe zufälle tünche auflage metzeln idyll abzäumung festsetzung fällung 042850 zufliegen tüte blaublütig clown miezchen abzeichen übel blechhütte schöffe auflässig 798250 zufallen festsitzen abgüsse geizhals milchgefäss abzeichnen blaufuchs glasfluss schuldgefängnis individualität übelgesinnt anschwellen auflassung 1579025 zufällig festtäglich glasgalle geizig milchglas indizes übellaunig ansetzen gejauchze 380462 abziehbild festivität glättholz auflauf indizien übelnehmen glashütte abglanz milchzähne zufliessen fettglanz glasschleifen

38.

Abglätten auflaufen indolenz bläulich glättahle ansitzen abgeschliffenheit wohlgezogen stahlblau folgenlos oftmalig löchelchen einzüge zwangslage 012356 hilflos alleinseligmachende löffel zwangsmittel stahlquelle oftmals zeitläufe wohlwollen einzwängen 340682 vollziehend fälschlich schaufelzahn stahlhütte folglich hilflich hilfeflehend allenfalls scheelsüchtig allemal löffelstiel ställe zwanzig 010352 ölbild zeitlebens fälschung einzwingen fontanell hilfsbischof wohlwollend 467831 zeitmangel falzziegel löffelvoll zweizöllig

39.

Stallgeld ölblatt vollziehung scheffel wolf elastizität füchsin hilfsquelle allenthalben lohbeize zweizüngig 301272 zeittafel vollziehungsgewalt scheffelweise wölfe fügen ölflasche hilfszwang vollenden lohmühle elefant steifleinen 048282 zeitweilig fälteln dächlein schütteln auflegen infallibel zuflucht schuldhaft auflöslich milz 235809 zufluss übelstand falz dazumal minutiös insolvenz fettsüchtig glatze falzen auflümmeln 4682501 übelwollen blechlöffel schuldenzahlung infallibilität zufolge fetzen galan dazwischen milzsüchtig 3502147 üben bleihütte welt schulze aufmüssen insolenz zufügen gleichfalls weil debütant miszellaneen zugangel üblich antezedenzien schüssel influenza 012568 fetzig glaubenszunft debütantin miszellen zufüllen übung anwaltschaft schutzbefohlene 3672845 feuilleton weiland aufleben infolge übelwollend bleiglätte anwälzen übeltat fidel glättzahn weiblich waldung filet bleiglanz gleichgültig anwüchse weilchen

11.

r, p, k, x

(6 Stunden)

a)

r p k x r	p k x r p	k x r p k	x r p k x	r x p k x
p k x r x	r p k x x	p k x r x	k x r p x	r p k x k
x r p k k	x r p k x	r x k p r	x r x k p	x r p k x
r p k x x	x r p k x	k x r r p	p k x r x	r p x k p
p k k x r	r p k x x	p k p k x	k x r p k	p k x r p

b) 1.

f c x u g	L s f k y	s n p l c	r z u c x	6 2 8 : 4
x p h L h	b p z x p	p j h p c	7 2 1 7 8	d q h r p
k r c p v	j f g y i	x t y s k	j u v x b	8 . 7 2 1
x d y c v	8 . 6 9 4	q p w v c	b r v b p	y k r s q
q m d b p	i r u t q	p y h b y	6 3 7 2 5	g L p n o

2.

8 5 2 3 5	q y x p i	h t p k h	h t j k g	x k e w b
k h f n r	3 0 8 4 9	w m k f h	y q o s g	r j h e r
f j p t c	s e h x i	3 2 9 8 .	y q o s k	r c p z x
s t j b a	b r k n d	6 3 7 2 5	g z r d y	d s q L u
i k u p x	r g o w y	q w p g d	8 5 2 3 5	L x o r q

3.

q a b d w	y m x p j	e i h s s	3 5 7 3 8	x q t e w
q p d n m	h v d j k	c L g z p	v b y h s	7 6 1 0 7
y b L m k	2 1 9 8 3	d q j x u	q d m h k	c L w p r
y f p g k	o z t b h	1 9 7 9 0	o z t b h	x r g p o
o t v d f	8 : 2 7 5	c v j m d	x q k u w	L v m h x

c) 1.

Abänderlichkeit wirrkopf empiriker 302567 klempner pulverkammer oxydul gerippe 509214 klepper worterklärung pächter aktienspekulant trümpfe abankern emporblicken gerippt kleiderpuppe klempnerei pulverkörnchen packkammer 3456780 rex wrack bekomplimentieren rubrik doppeltür pulverprobe oxygen aktienspekulation rückblick abärgern paar gerümpelkammer trünke doppelkrone wupper bekränzen aktionär 510946 rixdorf pumpenklappe glockenklöppel truppenkörper abbacken bekritzeln aktuar trunksüchtig rückkehr würdigkeit pachtkontrakt 961405 rouleaux empfehlungskarte graphit truppenkette doppelpunkt würfe bekrittler kleiderpracht rückanspruch doppelzüngigkeit fixa kornelkirsche zyperkatze bratkartoffeln 123780 kamelparder plumpsack peripetle flecktyphus körper spindelpresse exklusiv brauchbarkeit 543098 abmarschieren chloroformieren peripherie ansprüche kaminteppich plunderkram brausekopf 432867 körpergrösse zypresse periphrase

2.

Anspruchlosigkeit abmartern choleriker fixierung 248012 körperkraft spindeltreppe brauseköpfig anspucken abmerken plumpsackspiel perkussionsgewehr kammerjunker chorführer asketik fixstern 705362 kammerkätzchen körperstärke spindelzapfen brautführer antappen abmurksen plüschteppich perldruck chorpult plutokratie fixum anthropolog abnippen spirituskocher pockenkrank herzdrücken 241973 abbarbieren exklusion abtröpfeln abbreviatur emporkommen arzneibereitungskunst pumpenkolben bekümmern maklergebühr 698701 wurfanker empören packknecht

3.

Exkommunikation abbrevieren pünktlich bepacken hervorrücken abtropfen würfelspiel packpapier asklepiadisch 52310 abbröckeln empörerisch graukopf makulaturkorb herzkirsche wurstsuppe packkorb exkommunizieren 2938475 pumpenwerk bepfählen makulaturpapier abbröckelung emporkömmling asphaltarbeiter abtrumpfen wurzelwerk geldschrankknacker hervorspringen 50614972 pumpernickel bepflanzen manuskript abtrünnigkeit packpferd grauköpfig hervorsprossen 432789 vaxholm bepflastern velourteppich perldruckknopf graupensuppe typograph

4.

Dorfjunker flicklappen akustik dux 390645 perlgraupe anthropologie klerikal rückkunft brausepulver körperlichkeit akzentuieren dorfpfarre flickwerk kammerpräsident tümpel 407823 brautkammer anthropologisch kleriker rückprall korporal perlmutterschnecke herzkrank akzept umkippen doxine fliesspapier kammersekretär türkenkrieg 702145 braut

5.

Entpuppen exkremente ackerbaukunde xenie purpur 38742 beplanken - akzeptieren rucksäcke phalanx drainierröhre bergfex klimperkasten 79503 xantippe bravourarie packer umkrempeln hexameter perorieren fortpacken bepurpern unverkäuflichkeit extrem dramatiker apart gravierkunst klimpern 235876 perpendikel pädagogik akzessorisch exact zyniker keryx keratophyten doppelgriff oxydieren ryksmark krypsis xeroclyster kryptographik runkelrübe bergknappe unverpackt exklusiv drapieren perplex greifzirkel klinker 1095462 luxus perpendikulär korrupt pairskammer rumpelkammer taxen brechpulver äpfel grenzsperre akzessorium

6.

Fixum fortplaudern bergknappschaft klippe 1703568 maximum drechslerwerkstatt paketpost akzidenzien rumpelkasten extrakt brechruhr griessuppe unverrückbar 3872563 hexaeder perpetuierlich paktieren akzisbar klippklapp excellenz breitspurig fortschleppen frachtkontrakt abpfändung wexpassage chrysopras apfelkern spodiumfabrik 512742 hexenmeister pomp korrumpieren abpflöcken exzedent alexandra kampfspiel sprachfertigkeit 91973 oxyd coupletsänger apfelkompott sportausdruck expedition politiker korruption abpflücken exzentrisch coupon exmission kampfer 350487 pontifex pompös exotisch aphorismus spottpreis alexander exorzismus marqueur kampferspiritus mexiko

7.

Cremefarbig expansion korvettenkapitän 2139876 klex popanz auktionspreis apodiktisch abpflügen borax porträtmaler marktpreis kämpfer spötter blexen czako auripigment kanariensekt 393631 boxer exoterisch marktplatz koryphäe abpicken xaver portulak ausplappern märtyrerkrone mastixfirnis abdruck palimpsest heterodox ackerpflug xylograph grippe klöpfel maxime 352089 abdrücken epikuräer akzisbeamter ausplauderer abendpunkt purpurschnecke grossköpfig heterodoxie yak epileptiker klopfkeule ackerertrag xylographie bergkuppe grünkramhändler mastix 2380191 purpurfarbe pamphlet akzisfrei hexameter abendschoppen episkopat

8.

klöppelarbeit ackerkamille xylographisch bergpredigt klopfen hexe 467910 purpurfriesel pandekten grosspapa mastixbaum abendvölker epopöe panegyrikus klopfer hexen 301825 purpurkleid bergrücken akziseinnehmer ackerknecht xylophon equipierung panik grundtext hexenfahrt 9014682 bergwerksaktien alexandriner klöppel breitenkreis personifikation mixtur apokalypse urtext drecktreter fragepunkt alexisbad krähwinkler verdoppeln perrücke 783901 xanten kampfrichter runkelrübenzucker nixe apokalyptisch verdörren bremsvorrichtung exempel krakeeler dreckkäfer frakturschrift axt kandelzucker verdrücken persiko 106452 axiom apokryph

9.

Rüsselkäfer brennapparat expedition dextrin krämerpfund ver-
flixt drehbrücke 276451 buxbaum kanoniker säkularfeier
personalpronomen fixieren apoplexie verkalken brennesselkur
34872 oxygen krampfartig dreckkarren franziskanerkloster fix-
stern kapazität sappeur personendampfer praxis apostelwürde
verkalkung drehkrank 8351201 annexion kapellmeister abplacken
prachtwerk ausprügeln phönix hexenprobe sprachkenner expan-
sionskraft bordeaux maurerhandwerk czar porzellanfabrik 693250
explosion ackern yankee abplatten auspumpen sexta aben-
teuerlichkeit dacapo expedient exquisit max yamswurzel quaken

10.

Sprengkugel 2015915 export ackerbauer zackenknecht abplatzen
auspunktieren beatrix merkwürdigkeit sprenkel prachtexemplar
5820145 axonometrie abenteurer daguerrotyp expedieren pollux
maximal zähneklappern abplündern 2435920 sextant adels-
herrschaft dampfröhre ausklopfer saxonia meerampfer putz-
pulver springkäfer prachtkerl 4026041 abenteurerpolitk abpolieren
xenophon adelskammer daguerreotypieren höxter pyrotechnik
paradoxon erzkanzler 3290465 algebraiker drehkreuz quäker
bergwerk expeller klöppeln verkappt hexenprozess pankreas
alkoran sardonyx drehpunkt erdkörper grundpalais grund-
kapital 7901645 klöppler verkappung

11.

Quappe berückend excelsior allongeperrücke dreidecker hexen-
tanz panoptikum 4609258 sarkophag brennpunkt erdenkbarkeit
grundpfeiler sphinx drehkrankheit quark panspfeife verkapseln

perspektive hexenwerk grundsuppe klöppelkissen brennbarkeit
erdrücken panzerplatte sfax scepter dreipfünder bergwerks-
kunde 301465 verkäuflichkeit briefbeschwerer hexerei papagei
klöppelspitze schäkern bretterverschlag erkämpfen gruppe
alexandrien verkaufspreis perücke berserkerwut 48102743
klümprig schärpe pestkrank apotheker kapillarität abprägen
franziskanerorden 402168 magadoxo

12.

Springkörner apostroph krankenkost exequatur abprall prak-
tikant peterspfennig kapern orthodox prädikant alexandrinisch
apothekerkunst ajax dampfkochtopf frappieren krankheitsherd
montreux abpumpen apostrophieren 1015625 maximilian spring-
kraft petrefakt kränklich sextett abprallen präfekt freiexemplar
chamonix dampfkraft alexandra kapernstrauch syntax aus-
kippen sprödigkeit apotheke 2109415 cuxhaven präfektur frei-
korps kapillargefäss abprotzen dampfpaketboot krankenkasse
exterikultur abprügeln präkludieren kaperbrief 3108216 pyr-
oxylin sprudelkopf expeditionslokal hippursäure

13.

Zankapfel queckengras aufkäufer abergläubischkeit erkennbar-
keit metemsychose 7082569 magadoxon berührungspunkt expek-
torieren adelskrone zänker papierbeschwerer mixtur hirnkrank
aberkennen quer erklärbarkeit aufklappen adlerträger exequatoren
besprenkeln experiment 3470126 zappelphilipp papierfabrik
mokka adhäriren aberkennung querbalken papierkorb mücken-
flor 2891189 orthodoxie erknicken aufklärer adlerblick abgangs-
examen bespucken experimental 3451290 zappeln querkopf

betröpfeln hexenmeister exerzierplatz erkranken aufklopfen adoptieren hydroxygenlicht querköpfig hippodrom 3219068 zärtlichkeit oxygenium

14.

Papierkragen gruppieren koketterie kuxe pfarracker alpdrücken verklopfen briefkastenonkel freitreppe kluppe schaukelpferd 916425 pfarrkind apparat gruppierung dreifarbendruck kruzifix fremdenverkehr knix verknüpfen briefkopierbücher appartement alpakka schaukelreck 3168923 pfarrkirche krapfen grützkopf dreiprozentig sexagesima freitruppen knax verkörpen briefkuvert appell .kraxelei alpenartig schenkkellner 428725 krempeln käppi gurkenkraut dreiruderer maxim kapitalkerl kohlkopf verkörperung briefmarke pfarrer mutiplikant kraxeln alpenführer dreivierteltakt exit freiheitskampf kokarde verkrüppeln 3416079 appellationsgericht alpenpass schlappohr 20418215 pfeffergurke reipert

15.

Kapitalkräftig spurkranz präparation hirnkrankheit abputzen dankerfüllt 387982 aufkrempeln quick krepieren steppdecke experimentieren hocuspocus appellationsverfahren 2914014 abgekraxler stockamerikaner expert hökerkram quickerz abquirlen darmverstopfung aufkrempen adresskalender kapriccio praktiken hörapparat querlauf sprühen deckspassagier multiplikator abgeordneter abquirlen 1209542 explikation adresskomptoir kapriziös praktikus aufpappen advokatenkopist abrackern murrkopf hospitalpfleger spucknapf prallkraft explizieren aeronautik dämpfer 5680253 mürrköpfig abgangsprüfung abradieren präparat aufplumpsen

16.

Abgeredetermassen zehrpfennig güterexpedition älpler verpacken frequentieren quicken papiertapete kolportieren schlappermilch erkrankung 3201785 altarplatz schleckerhaftigkeit zeigertelegraph güterschuppen verpackung briefmarkensammler betriebsdirektor kompakt droschenkutscher erspriesslichkeit alterspräsident briefporto quirl papparbeit 2039567 verpappen pfefferkuchenbäcker zentralpunkt gütertransport komparativ droschkentaxe ertappen pappendeckel altersversicherung nautik briefpapier betriebskapital 3287426 versimpeln pfeifenkopf quittieren gyps droschkenhalteplatz krocket zentripedal pappenheimer

17.

Schleppdampfer briefträger erzkämmerer 31566890 kompasskarte pfefferminzlikör betriebspersonal anker verplappern friedenspräliminarien appellieren kapuzinerkresse abrichter präzipitat kreppflor stockprügel strümpfe deixel explodierbar fresskrankheit abrändern 2960145 aufprobieren applaudieren stoppler dekokt exponent humoreske kaprizieren präparieren axiom aerostatistik krikelkrakel abraspeln dekorateur musikkorps affix aplizieren storax 301728 axt hühneraugenoperateur kapuziner struppig präraphaelitisch knappschaft krippensetzer abraupen explosion

18.

Musikdirektor apportieren stümpfe 21568790 backapfel hydraulik kapuze suffix dekorationsstück äxte affektionspreis abreisskalender 10249147 praxis musikkenner kritiker sukkurs dekorieren explosiv abgespannt kapuzinerkloster 304156278 präzeptor axthelm affektionspreiswert papperlapapp kompassstrich zepterträger erzketzer gypse verplempern abhärten bewirkbar 1046829 handwerksbursche quotieren radikaler paprika ampfer schleppkette zerklopfer erzpriester verpumpen abherzen bezirksarzt 201457 kompensieren etappenstrasse papstwürde altertumsforscher rapert bezirkskommando hackblock verpuppen

19.

Abirrung exakt 4605107 schlupfwespen zerknacken papyrus amateurphotograph druckkraft papier exaktheit gymnastiker schleppenträger abkanzeln bezirkspolizei kompensationspendel rappelkopf paradepferd amphitheater verquicken zerknicken vokalmusik druckpumpe drucktelegraph pferdekopf kapuzinerpredigt dekretieren bronchialkatarrh 306725 kokettieren abrücken pferdedecke fruchtsuppe appretieren superkargo brotbäcker 5012689 abrudern präzis froschgequake appretur kardinalpunkt denkkraft druckwerk krokodilsträne superklug

20.

Präziptieren pferdekenner appropation abrupfen exportartikel broterwerb 3468217 karfunkel süppchen denkspruch froschhüpfer approbieren abrüsten preisdrücker pferdekamm karikatur exportbier 30578 brotkammer krokieren abrütteln exporthaus froschquappe aprikose suppenkräuter preiskurant pferdekraft 3837256 denkwürdigkeit exponieren brotkorb kronprinz abschätzbar suppentopf backpfeife backgerechtigkeit abkappen zerkrümeln examen muskelkraft affixa abkäufer bierkellner häppchen hydrograph 3078621 rapport paradiesapfel export abkargen zerpressen bierkneipe amputieren backbord raspelspäne harfenklang dydrophon affixum zerquetschen paralysieren kompresse musketenkugel kuxe räucherkammer

21.

Analytiker bäckerbrot 3106826 examinant kompilator hyperbel aftergelehrsamkeit biersuppe harfenspiel mystiker kruzifix anankern vesperglocke hypothek zersprengen komplikation napfkuchen sexagesima 1025893 ankämpfen hypothekar afterkritiker bierverleger harfenspieler nachexerzierer maxim komprimieren harpunieren brotkrume pferdekrippe aprilscherz krüppel paradox schmöker 387456 frühkirsche abschiedstrunk abkehr vesperpredigt pfirsichkern kropfartig supplik examinationskommission brotsuppe karikieren syntax bierzipfel

22.

Schnäpper 1048763 apropos abschlenkern paradoxie drückeberger frühkonzert krücke supplikant ablenken abkehren brotkruste pflaumenkern karnickel sixtus ankäufe 20786053 aquarell krüppelig synoptiker paradoxon druckerpresse frühprediger karpfenbrut ankerplatz brotschrank pfriemenkraut abschleppen vexierbecher drückerklinke krückstock kartenpapier schnarchklappe aquarellfarbe abschnappen schneckentreppe 20543 frühpredigt kruzifix taktiker vexierspiegel brottaxe quark aquarium kartenkünstler denkbarkeit narrenkappe 50825692 abkitzeln preiswürdigkeit afterpacht exporthandel zerzupfen deprimieren hypothekenbank abklammern paraphrase

23.

Bäckerbursche agrarier räucherkerzchen prekär imperfekt exportieren zikade bildersprache narrenposse agrikultur 7460825 examinator harpye deputiertenkammer express abklären billard-queue bahnhofsdirektor ährenförmig räucherpfanne hartköpfig prickelnd imprägnieren zimperlichkeit bockbrücke dixin nelken-pfeffer abklärung examinieren parität bahnhofsinspektor ex-presszug zipperlein bocksprung priesterherrschaft 34689125 räucherpulver paraplui nervenkrank ährenleser abklopfen exe-gese paraphrasieren primär inakkurat expresse raupenfrass hartköpfigkeit

24.

Paraphrastisch vexieren schnuppern pfropfen äquator exeget kompromitieren 382068 frühschoppen krypta hartnäckigkeit schöppenstädter fürsprache käsekuchen anklageakte vex drüsen-krankheit äquatorial abschöpfen exegetisch komptoir 7982305 pfründe kartonnagenfabrik viper anklagekammer dux brotzucker kryptogamisch harzelektrizität schnurpfeiferei phalanx katoptrik exekutieren vivisektion brückengeländer küchenkraut konden-sationsapparat 2710782 frühstücksbrot kaspar anklagepunkte dummköpfigkeit pharmakologe abschuppen vexierschloss brücken-knopf äquilibrist konfektionär

25.

Dunkelkammer fuhrwerk kuckucksuhr ankläger schrippe phar-makopöe arabeske katarakt vexierspiegel brückenpfeiler äquili-bristisch abschwärzen abschwören taxator bahnsteigsperre ex-propriation tapetenfabrikant dextrin nervenkrankheit 730905 küchenkräuter prinzip inkorporation abklöppeln taxe dialek-tiker bakkalaureat expropriationsrecht täppisch dickköpfig nexus akademiker abspazieren 6054943 prinzipien inkorporieren

zirbelkiefer taxameter bakkalaureus akklamation abknabben
tarnkappe prinzipal inkorrekt räuspern exekution dickbäckig
nieskrampf exprobiieren 210905438 taxation produkt inkorrektheit

26.

Zirkelförmig phonetik teppichwirker nix akklamieren abknap-
pen parkett dickkopf balkenträger exquisit 52018736 volks-
partie probedruck akklimatisieren zirkelspitze partizip text
nippflut abknapsen reaktionär exekutionsmandat hauptanker
schuppenpanzer durchackern bocksprünge anklammern 25078905
bruderherz abknaupeln konjunktur völkerkunde philantropisch
rednerkünste ankleidezimmer schwappeln durchkämpfen zirkular
hauptartikel 20782305 bruderkind exekutionsverfahren völker-
markt philanthrop küper refektorium hauptkerl sekundenpendel
fürsprecher borkenkäfer anklopfen 32567890 durchklopfen
parmesankäse konkavität bruderkuss futterkräuter reflex haupt-
kirche volksküche philippika

27.

Kehlkopf borkentier anknöpfen 51272308 fürstenkrone paroxys-
mus konkordanz sequestrieren durchpilgern partie parteihaupt
hauptperson volkskunde phlegmatiker börsenmakler konkur-
rieren brudermörder galoppieren arbeiterklasse tax prognosti-
kon insektenkenner kukuruz abspänen bankkapital akkomodie-
ren katzenpfötchen taxieren nixenaugen 00568472 arbeitskraft
dickköpfigkeit nordpol exstase kulturfaktor taxus projekt insek-
tenpulver absickern absparen bankpapier 32580745 arbeits-
preis taxierung noppzange akklimatisierung kausalnexus

28.

Dickzirkel oberkaplan akkompagnement absorbieren taxieren projektieren inspektor extern arbeitssperre dioptrik bärlapp 315068765 abkneipen kupferbergwerk textbuch nopper extemporale zopfartig kehlkopfspiegel produktenmarkt interpretieren absorption textkritik bärlappsamen abknicken architektur direktor nixenballett 2508768 externat nixe zuckerbäcker parteilichkeit hauptpforte volkssprache abknöpfen exekutionsvollstreckung anknupfen vorkämpfer textkritiker refraktoren konkurserklärung barbierbecken exempel partikel sextant durchprügeln nixenreigen börsenspekulant hauptprobe vorkäufe

29.

Textil zuckerkandis 3725830 anknüpfung abknüpfen rekapitulieren 6789014 skapulier nixensilber börsenspekulation hauptpunkt konnex theokratie rekapitulation exemplar anknurren 23079 extemporieren parteiprogramm hauptquartier konnexion abkommandieren exekutivgewalt anködern skeptiker nixentanz börsenspieler heerpauke kontokorrent zirkumflex partikularismus ankoppeln durchspicken reflexion 60538297 volkstümlichkeit ehrenakzept photograph aristokratie kernspruch brudervolk garkupfer kuppelpelz sexuell phosphoreszenz kenterhaken absperren ehrenbürgerrecht aristokratisch 320728 tokaier brühkartoffeln kupferdruckpapier

30.

absprechen six gartenampfer keramik direktorium phönix areopag 4650782 projektion oberkörper brummkreisel kupferplatte topographie prokurse saxophon ärgerlichkeit absperrung direktrice gartenkräuter kerker tipptopp barackenlager phosphor aristokrat 32809647 proklamierer sextett gartenspargel absplittern diskreditieren brustkrank kupferwerk topographisch oberpfarrer phosphorsauer kernpunkt absprechend prokurator trajekt akkord zuckerkrank exemplarisch diskutieren extra abkonterfein bortenwirker oberkirchenrat 3270526 reklamieren boxkunst interpunktieren zuckerkrankheit

12.
Punkt, Komma, Trennung, Bindestrich, Klammer

(4 Stunden)

a)

= – , . –	(= , .)	, , = .–	(= – =)	, . . = –
= , . , =	= . – – ,	(= , .)	. = – , .	(, = –)
(, = –)	, . = , –	= = – = ,	(. , =)	– . , – ,
, = – . ,	(= . ,)	(, . .)	= – – = .	(, = –)
(= – –)	, . = – ,	, . = = –	(, = =)	= – , .–

b) 1.

7 , 1 4 6	(4 8 3)	7 1 – 9 7	4 . 2 7 8	7 1 , 4 5
1 = 8 0 1	3 2 4 . 5	6 8 0 5 4	4 , 1 0 5	4 , 3 2 4
8 3 5 7 2	6 7 , 8 1	4 = 9 3 8	6 3 4 1 5	6 – 8 0 5
(5 6 8)	(9 3 6)	2 1 – 7 8	6 0 2 – 9	3 2 – 9 8
0 . 3 8 ,	7 4 . 7 5	5 6 – 4 2	6 4 = 2 1	5 8 9 6 .

2.

3 6 8 , 1	8 4 – 2 .	1 3 6 – 2	3 (4 9)	2 3 . 8 3
5 – 3 9 8	5 – 2 = 3	4 – 3 1 7	1 , 7 5 2	9 0 5 . 8
9 5 – 5 6	4 . 7 5 8	6 0 , 9 0	4 – 3 1 7	1 . 7 2 5
9 0 5 . 8	5 (4 2)	9 , 1 7 .	7 = 3 0 8	5 , 1 7 3
(0 2 8)	2 8 = 0 7	4 , 0 9 2	0 5 7 1 –	7 . 4 9 3

3.

(p g h)	3 7 7 , 8	3 , 4 = 1	f c i o z	3 2 . 0 0
3 (8 2)	3 7 – 2 4	e i s h e	7 8 = 1 3	o m p q a
0 . 3 4 5	2 3 – 3 7	p q y j z	7 7 6 , 4	4 (4) 2
9 0 0 , 5	q L i c u	(9 8 7)	7 3 – 6 4	0 , 5 3 2
9 = 6 7 ö	ä a y e q	(4 , 6)	m c L q w	1 – 3 5 0

4.

(3) 7 5	q z z i k	(a z g)	1 3 2 , 6	(9 2 0)
3 8 3 5 4	4 9 7 – 8	3 5 = 6 4	1 = (2)	0 8 , 3 4
3 , 7 . 9	(m k e)	q e v n b	3 7 1 = 0	1 4 (3)
0 . 1 5 0	u d b g s	2 4 3 3 5	q r z 3 .	0 , 2 0 t
2 5 , 5 m	0 3 . 6 4	c a y f i	r (p g)	1 8 = 6 3

13.

Bruchstrich, Bruchtrennung, Unterstreichungszeichen, Fragezeichen, Doppelpunkt

(4 Stunden)

a)

/ ? : / :	? / ?	: / : ? :	? : /	? / / ? :
: : ? / :	/ ? / : ?	: ? :	/ / : / ?	? : : / ?
? / / ? :	? : /	? ? / : ?	/ : /	? / ?
: ? : / ?	/ ? : / :	? ? ?	: ? / : /	? : / / :
? : /	? / / : :	/ : ? ? /	? : /	? / : : ?

b) 1.

2 2/3	4/823	860,9	3 8/9	52=45	7,804	4.1?8
16/33	2.60,	63.52	8 - 395	31–46	(?)	92/63
7 4/7	0:0	47/63	0,504	1 7/8	937=8	1/7
36/13	0.37?	46.71	1 – 7 = 6	3/5 7	02/49	5=389
3.3–?	7 4/9	593	6/7	2 0/0	1 5/8	(7/9)

2.

(9/73)	19/5	6 8/10	7 92/1	9/83	486,0	4981 ?
8 2/7	245–6	16/9	(75/3)	3:04	92.63	45/23
(5–25)	7:24	35,0	3 – 067	0:672	397:4	8954 ?
3.019	0,71	4 80/95	1.24	59.08	(5–34)	4/456
41–0	20,3	(4=986)	8,195	703.8	3,790	8/375
(6/21)	4 60/73	7,59	7,42	(1/9)	7 3/8	2372 ?
61/9	6 7/12	(4/30)	386,4	1 4/6)	18=5	4685 ?
(08–7)	2.61	0:65	1/7	6 5/80	37/2	7698 ?

3.

4 9/21	4/82	540,1	1 4/362	(25–1)	16–79	876/3
90/3	03:28	(8–090)	3=54	29–05	9.52	823/5
98,2	9=630	5.198	639:2	(1,963)	07/05	3924 ?
2,75	5,87	(6/5)	6 7/320	80–5	6:10	4:15 ?
79,3	9.143	167,4	1:076	(8/9)	5,69	476/1
5 23/30	(3/68)	2 3/15	84/63	48/7	7 9/42	78/20
8 7/30	523,1	1 9/10	(35–7)	423–8	7/21	5314 ?
6.98	9–74	(09=1)	7.09	5.34	67,9	195/53
8–243	516,4	4,127	(6/47)	6,17	3 7/62	55 ? 43

4.

1,74	(2 5/8)	92/8	2 7/40	9 6/83	8 2/43	9452 ?
5/17	5 7/8	34=8	(03–59)	29/08	3:48	843/78
34.05	70–5	6:15	29,0	3 1/96	6/92	2459 ?
409,8	(84–7)	302–3	59/7	148/6	5.04	2 ? 434
49:05	02–8	0:76	(37,1)	8–274	0--352	6/728
1:598	06,12	4/15	8,78	3 54/71	9,28	4268 ?
7/61	53/1	1 8/60	8 9/40	(5/26)	8:374	2/345
82.09	6/42	(5,74)	9 25/109	2,45	6.5	3756 ?
9–32	5 8/91	65,4	9–413	3 7/64	13,76	48/59

c) 1.

7735/0	923—4	67480	93210	3005?	311/6	732—34
84646	eeiis	hshsi	ihshs	heese	eäavk	yfazt
(37?)	11—9,	2½?	3 - 4%?	76:9?	55554	jäine
(pgh)	ianve	aschö	xfyhe	mäölw	(rpm)	dödoz
23/23?	lzyx	düögp	3^{57}/—	776,4	3:7:8:	3,66?
377,8	7344?	13273	(3/2.)	4646?	723/2	(6—2?)
eeihs	(928)	745—2	23—37	22233	ozkjw	ydsey
vädpu	$(3^{3}/_{22})$	eeete	tetet	eisis	hisse	56/54
vbish	heiss	assis	hshie	45/60	heese	beehn
56 - 64	(vbhs)	eeeis	343—6	pqyjz	gonu	äayeq

2.

213—6	pqyjz	gomu	öägzk	xrnto	19280	90455
iseeh	hsise	iiees	isiho	ompqa	eesee	qlicu
yldes	hgqfm	juwee	(pog)	ehste	eherz	deini
(mei)	sshto	udbgs	56453	38354	32000	37:ö?
äuges	(753)	(555)	372.	emois	geesi	gesha
(eil)	divis	missi	hlkpi	slssl	qnrae	näiei
allli	sieci	6:7:5	7:6:5	37%	13/—?	(987)
3/2/8	qzzi	rhepi	sisei	ehhhe	3/5/9	6/—/?
370.0	eishe	jnjbw	(can)	qevnb	mclqw	fcioz
hldea	zhwxi	szqöib	uduyk	aogtx	thuul	2364?

3.

3⅓	(23—4)	(3/5)	kyifq	hnote	mgbw	jmdaj
wemzi	(azg)	poxzn	kzeäü	ktlzö	qronb	zypao
qechw	11564	22345	76:2?	6:73?	3246?	$7^{3}/_{4}$?
32?55	26/7	13149	703:1	tttfi	7234?	äöbog
bpaco	9,427	37/84	ewfkn	aidux	(yhg)	kbspw
42,17	03.64	eishe	leesi	(pjö)	esehe	eeeii
(lky)	lmytx	myaje	sxgyi	fyoob	ptalle	(nev)
ofite	kogsa	ssnei	tposi	fhxcz	232,6	(4,6)
66448	46/46	16:02	züänn	etete	eismx	(wxy)
cayfi	opagi	fucym	0732?	327:9	otupx	xiklw

4.

ehofz	37/23	$3^{3}/_{3}$?	73009	(3:4)	7:?,?	009/1
7211?	3,7.9	32,19	7—356	73—64	55009	0,5,5
0,0:5	muxih	ecups	(eko)	shipa	nicae	midye
siren	lapum	rozal	19283	51109	eimew	vgsmv
umusa	(mke)	lohub	2/3/7	soxem	okyzy	37,4?
582/7	607/1	11/72	03964	icenf	inanö	eegvä
evahi	inove	(zni)	iveue	gozyh	klliv	eueni
relad	hupaä	afsip	norfy	eaihn	(nef)	7:3
6%?	20:09	(3/2)	2.0.3	anöht	ssäpi	xoshg
bboue	xhgca	pzykf	zväky	ygäph	öhthu	süöiw

5.

öwmja	(äpq)	xunso	ölleam	(5:7)	23645	5109?
$3^{7}/_{57}$	mtnüi	qzeüs	(5/4)	10997	stghb	öpöeu
gnzrf	(zds)	esiih	esish	ehhsi	arälj	qsfed
onevi	(eie)	ecenä	vjcüx	eaqnb	eeehi	mähwe
jxuku	iqyza	dhiis	ixöde	46:07	9—3/7	53/55
(3/7)	scgeq	(efhä)	09?	(5 - 6)	jhbzö	äzoql
mwöoi	sbnsd	(qyb)	apyan	uwöll	aduük	51009
eissh	nalxy	cjvän	mllöh	(hge)	iyise	eaeja
xxyhg	hrtsi	äfsuo	eusie	7534?	11·376	?7932
18785	(456)	(73?)	7,6/8	3:98,	böwrp	cpwzh

6.

ühqpa	ikzzj	whäma	bnldy	7:8?	5/5,7	wzmfk
zqvll	dbeis	üxjgö	zzjhi	urytg	deive	jäyöö
kzacd	eaehh	äpeel	vxsnq	gjzfq	ayzin	öbubw
71:,—	(58?)	37—8/	(2.8)	fpasü	eeiie	üqvöf
(rqv)	issis	sitzi	reede	kaewp	kuawz	suääq
noüly	smhüq	eäabs	(kss)	55.0?	ämhäm	8/7/5
23:7?	72385	1/329	64/46	(7,3)	$1^{0}/_{00}$	7,3,0
8%?	axdfe	üxphs	(3:5)	5—664	ulice	eiblu
(rmd)	eohgo	üngsj	häuyi	sbcpf	kuscb	fydrö
üzzoe	28370	91/55	72%	(3:8)	28101	6,5,6

7.

?dycö	ianäd	tvqie	fxähp	ldbvh	suqzt	äihwu
qotux	(zia)	qziüi	höevv	äjfex	uuhac	gd:üd
näppy	ybxfg	tvzlu	(dtis)	qhwsb	äyuaä	oeesk
cböuü	2:8	(7,1)	lmagz	zsqey	kdxob	redjp
eqnde	ungxa	hnuxe	fukva	imepj	waize	hhhnj
jabne	ksosx	awofn	(uta)	dripe	asuve	queis
aybyp	ieylu	59/46	xsyäb	1,0,8	(mwh)	svitd
ämlzh	lnzav	ztfxe	qöohe	ougez	22%	3.7.9
moude	zlivp	ygeoa	ie?iq	avazn	tdsde	pabbe
(aobm)	(dac)	pqjuö	nhdwj	ozisz	hdcuu	kqrke

8.

hhzijf	xcbko	1 - 64?	8,0,2	(3/8)	6/7:	sffpt
13469	7:/28	5.5,0	(8:7)	xlsäw	mqgaa	zxsgw
dxnio	(yrs)	wulge	jüqik	yshae	ndehi	(ffs)
acakx	fjjzh	chgpb	ccpxz	16,86	5952?	nmdje
pfgky	0683?	?zgay	ucllm	tedfe	vbjwe	eaacf
(ypi)	exzj?	78570	zxuht	sovuc	492/2	exköv
12 - 34	otfqb	nnvwj	?bigk	qmump	shpmg	otätd
zy?px	(dar)	xtiüf	muc?f	32995	qolbs	aifia
swtsw	vjbhu	pdicm	(plx)	elaeo	34/97	31/86
42 - 56	myqex	?wogc	,eb,p	ceaän	cblsg	nyilg

B Übungsstoff für die Weiterbildung

Naturgemäß werden die Buchstaben, die ihrer Zusammensetzung wegen schwerer sind, oder die, dem Charakter der Sprache entsprechend, nicht häufig vorkommen, größere Schwierigkeiten in der Aufnahme bereiten. Deshalb werden in folgenden Übungen die Buchstaben: Umlaute und c f j l p q x y z besonders behandelt.

14. Umlaute

a)

Rücken lässt müssen düster ölig häufig stärke körperlich höchst wäre könne fällen gemüt ändern vernünftig verständig völlig verrückt für möglich übrig kämpfen dürfen unglücksfälle fürchtet fähigkeit zustände persönlich unverbrüchlich stärksten äussere gewöhnlich führt religiös fände unnütz lösen beständig stück nützlich täglich schädlich kräfte ausdrücke ähnlich blätter darüber glück göttlich ausübt schwäche vorgänge natürlich schöpferisch lähmt tätig bestätigt sprüche einflüsse mässig längst erfüllen vögel hängt spüren strömen zurück

b)

Brüderlich vermählen träger schändlich erklärt fräulein beschäftigt aufhörte erschöpft äcker wüsten öde gerüchte kühn blätter allmählich älter väterlich jüngling schönheit männer spärlich sehnsüchtig vormünder gehüllt wälder schnäbel mägde öfter wände bänke strähne gekämmt für gefäss mühle geräusch hübsch züge zehnjährig wüchsig büchse unaufhörlich sümpfe geblüt längs bräutigam bedürfnis löschen süss träume fülle länder geläut ungestüme glöckchen näherte röte brünett gestützt träne früher erröten schläge gründlichkeit gönner windmühlenräder äbtissin bärenöhrlein pflöcken tröpfeln öfter

15. c

a)

Charakterschilderung schicken dickicht gackern chronisch scheinglück schlackerregen eckloch clown schecke schleckenhalde druck wicke charakterschwach schicksal schlucken wocken abschreckung schichtwechsel dock geckenhaft couponschneider schicksalschläge druckbuchstabe abgeschmacktheit schlackwurst drucksen charwoche scheckig schlecker eckener wickeln courmacher schelmenstück schmachtblick lackte schandgeschichte schlick dreckloch geschichtsforscher chirurgisch schicklichkeit drucken geschmacksache scharfblick schluck docken eckigkeit glocke crescendo schickung schmackhaft geweckt chorographisch schlangenblick drückend glück abdecken scharbock schleimzucker drucker charakterschwäche schlackenförmig gehacke lack chronologisch schick schlecken docke ecke coeur schock schleckerhaft dicke wickel wrack abgeschmackt schellack schlucker druckberichtiger charakteristisch schicksalschwester glacehandschuh schaustück

b)

Geschickt schlackenzinn glacis abgucken schecken schlafcoupe drucksache abschriftlich scherbecken schmachbedeckt geck chemisch scheideblick schluckspecht ducken courschneider schlackig dicklich eckig wicken schaukelreck schleckerei dreckig geschichtsbuch chorschüler schicklich schmachtlocke gezackt schebecke schlickermilch drücken glockenschlag abschrecken schallbecken dachdecker geschichtsforschung abschiedsgesuch schacht decke uckermark lecken christgeschenk schlachtschwert jacke wachsabdruck abscheulichkeit schachten schlackenbad geschickt scenenschilderung schilfdecke wacklig glücklich schabebock schiebebrücke decken geschlechtlich christenfeindlich schmücken wecken glucksen abschickung schanddeck deckung geschmack abschlachten schieferdecker dick wechselcourtage christlich schienenschacht jackett glücklicherweise schabracke schifferausdruck dickbauch gucker schachteldeckel schmalbäckig geschichtsschreiber chronikenschreiber schlackenartig glückwechse

16. f

a)

Fabelhaft aufbefinden laufstaffette wölfe kaffeelöffel frankfurt verpflegungsverlauf fächerförmig feldflucht aufgefeilt rufen federfuchser kofferfutter tafelaufsatz fortfallen fahnenflucht aufdampfen tiefseetrift wolfsfalle kampffähig aufeinanderfolgend fortschlafen fegefeuer kupferfarben mittelfrequenztransformator fanfare kopfkraft verkaufsverfahren rüffel kampfgefährte aufgefädelt fortflattern walfisch fehlfarbe kofferpfand tafelfelsen waffel kartoffelkäfer aufgefangen reifwerfen farbenauftrag opfergefäss tropfenfleck wolf fehlgriff aufgefasert uferfelsen waffenfabrik kaufauftrag kopfform fortfliegen rektifikation wolfsfang faustpfand aufgefahren vorpfeifen refraktor kampffreudig ofenschaufel forstwissenschaft fahnenflüchtig aufgefallen tafelfreuden worfschaufel feldflasche aufeinanderfolge reifen waffe federkraft kofferfalte vorwurfsfrei fortdürfen falsifikat feldflüchtig auffassungskraft ruf feenhaft kraftfülle verpfeffern unfriedfertig

b)

Kampfunfähig aufgefaltet reifeprüfung fehdebrief kupfern tafelverlauf kaffeetropfen farbstoff kraftsuppe vorgepfiffen fortfahren kartoffelpuffer aufgefasst farbentupfen rief fehlgreifen kufe offizinalpflanze relief fehlkauf aufgefärbt vorlaufstaffel wolfram farbennäpfchen aufgefunden tafelförmig wolfsfell fehlerfrei aufgefitzt hochfrequenztransformator faselhaft nachpfeifen formfehler referat kauffahrer aufgeflammt fortfliessen waffenfähig feifel aufgeflochten tafelpflaumen walfischfänger fassungskraft verfolgungsfrist apfelhälfte feinfühlend aufgefordert forthelfen reform kauffahrteischiff verkäuferfunktionär walfischfang faulfleck aufgeforstet tafelpflege raffinieren feindschaft aufgeführt forthüpfen erfinderfeind affenfutter verhaftungsbefehl elfenteufel feldampfer aufgefüttert fortlaufend welfe faustkampf tiefseeforschung empfindungsfähig kofferfarbe aufhäufeln fortführen waffenruf feldfrevel

17. j

a)

Jakob majoratsherr ja bejasiten jodeln anjagen präjudizieren jahrelang hujus bajonett abject jabruder bajulus jodler aufjauchzen adjunction jägerinjackett jedes bijouteriewaren obstjahr edenfalls joch jakobine majorennität jährig kajak naja bejahr abjudication jährling kojenjalousie dreijährig jäckelchen bijou pejoration jesais adjustierbank jähzornig johannis majuskel jagd daja nojos jolle najade adjustieren jakobstab kijas joppe majorität jagen dejec buchajit jota jette abjunction jalousie kajaput jubel bijoutier adjutorisch jemals kajasse journa kabeljau bejahen gejauchze abjuration jawort pejus jaköbchen dreijährlich jahre bajulatorisch jovial bejammernswürdig adjustage je dejectur anjochen majorenn abjustieren jährlich jod bijouterie oberjäger ajo jacht dejeration juch jeremias präjudiz adjuration jedermann aufjubeln abjection akjana jähzorn jeder bajadere abjudizieren hallelujah jederzeit bejahend majorisieren jacket dejicieren jodig boje jobst

b)

Pejerleien johann majestätisch januar gojim jubiläum samojedin adjectivum jammer guajacin julie kujonieren jahr bajazzo juchten abjochen verjährbar jägerjargon julfest johanna verjüngung adjudicativ jeremiade bejahung adjacenten janhagel jamaika julchen major adjectivisch jetzt japanisch bejammernswert jägerin ejaculation jung josias vorjährig ajuru jaspis frejar japan kajütspassagier jähe ejalet jaffa judäa kojen verjudet jagdjacke gajus pajade josuah adjoint jägersmann pajaree bejauchzen adjourning jauche jütland jürgen majorat adjournieren joch pajok pompejus adjunctus jählings nichtjuden johannes juliette kajüte jägerjoppe jambisch jubilar abjagen majestät ajupa jenseits gajo jucken überjährig adjudicaton jämmerlich samojede verjüngen armjacke freija jubilieren jonas kujon wojewode jägerei ejulantes juchzen guojara vierteljährlich janitschar guajacum bejahungsweise adjutant jappen jugend jost koje vorjahr adjacent jesuit

18. L

a)

Aalglatt weltall vollbild baldmöglichst labial wachtelschlag vanillemilch hagelschlag iller ablassgeld wildhändler ballsaal lagergeld allenfalls weltkugel vollblütig blitzesschnelle wahllokal veilchenblau halbamtlich labsal allerheiligst wildling ballettschülerin lammfleisch ablasszettel verbildlichen blumenflor landluft waldblume verklausulieren halbinsel landadel waldflachs vollinhaltlich baumwollpflanze alkale willenserklärung halblaut lackleder allerlei willkürlich beflügelt lachsforelle alkohol winkelhebel halbstiefel lampenglas waldgeflügel vervielfältigen halftergeld keller allabendlich vorlallen belagerungsartillerie lilienthal abladungsstelle vanillelikör lackstiefel landleben alleinhändler weltausstellung balkenlage wahlbeteiligung vollblut blosstellen labil ablasshandel wildleder belegstelle lachlustig waldeule ventilklappe halbdunkel allerheiligen willenlos ballspiel blumengestell wählerliste verhaltungsbefehl halbkugel kollern alaunhaltig vollgültig balsamapfel ladegeld waldfrevel

b)

Verwandlungskünstler leblos allgewalt wohlbehalten bestellgeld ländlich walkmühle vielmal handelsartikel lebensvoll pappelallee wohlbestallt blechlöffel lavendelblüte wechselfall violoncell bestellgeld lasurblau alljährlich wohlgefallen handelspolitik gellen allodial vielwinklig bilderfibel lautlich wechselvoll vogelsteller heilmittel elfenglanz allüberall wohllöblich bildlich laubfall wellenlinie bildfläche heiligenbild grollen altersfolge wolfsfalle billettschalter lautlehre alleinhandel wollhandel blachfeld laufrolle welschland viertelmeile heilquelle grill alsbald volkskalender blattgold lebenslänglich alldieweil wohlbeleibt bestellzettel lavendelöl walhalla violinschlüssel bleiglanz dalles vielgeliebt halsschleife länglich allgewaltig wohlfeil bettelvolk landleute alle walkmüller bildsäule handelsgesellschaft ältlich vielsilbig bilderbibel blitzschnell altgesell wohlgefällig handlungsgehilfe alltäglich wollhändler blattstiel gallenleiden wechselfolge vielmalig bildergalerie laulich wellblech vogelflug heilanstalt

19. p

a)

Anknüpfungspunkt opalograph papperlapapp alpakapreis tapetenpapier dämpfungspräzision apfelpüree treppenteppich paprikapfeffer pferderippe gipsplatte dampfprüfer schippen anspritzplatte tulpenpolka papyruspergament alpenpass pippinapfel diplomatenpresse pampen apropos truppenproviant mappe packpapier teppichklopfer doppelpunkt lappen antilopenpocken kompasspinne puppe apparatpräzision tulpenpilz paragraphenpredigt palimpsest topflappen schleppdampfer apfelpastete treppenspindel pferdekrippe marzipanpulver typographie puderpräparat aprikosenpudding dämpfungspneumatik schnappen abpumpen typograph papstpalast schnuppe papierpuppe dampfprobe paukenklöppel abkopplungsplatz doppelphotogramm schuppen pamphlet asphaltpflaster pauspapier pferdepaar trepppfosten pepsinpillen pampas teppichpinsel dampferprobefahrt alpenplateau tulpenpurpur peilkompass pistolenpaar topfpolitur pendelperspektive anpappen terpentinpfropfen doppelporträt apfel-

b)

Pimentpfeffer aprilprozession dampferpier perpendikelprinzip papal aspirantenprüfung philippika papillar ausplappern phosphortropfen panadelsuppe dampfkochtopf puppenspiel apfelplantage tropenpassagierdampfer papierpaket doppelportal pistolenklappe apokalypse temperaturpotential pompös pantoffelspiel dämpfungsprojekt koppel apostelpriester treppenparkett plapperer papageno aprikosensuppe polygraphenpropaganda apostrophieren dampfpfeife polierpapier papagei tapisserieteppich plapperei rippe apfelpresse doppelplakat postschuppen papiertapete truppenkörper pumpenklappe apparatprobe duplikatprotokoll plappern apokryphis tempelpriester pressenphotograph papa pappen doppelposten puppenspieler pamphletist dampfpaketpost phosphorperlen papierspäne tapetenproduktion lippe noppen pappenpresse typographisch plappermaul apfelkiepe aspirinpulver duplikatpatent panspfeife treppenpassage polizeiwappen apostelpredigt dampfpumpe purpurpräparat pappern

20. q

a)

Maroquin quam äquilibrist quacksalber verqualmen requiem bequem quecke abquälen scheinquittung erquicken quader marqueur sequi unqualifiziert quelle antiquitätenhändler unerquicklich quadrat aquarellfarbe überquellen aquarellmalerei verquickung sequestration einquetschen marquis requisit urquell aufquirlen quai frequenz umquartieren entquoll quadratur abquirlen unbequem äquivalent quendel musenquell frasquita quäker querulant verquollen spiegelquadrant quälen quick antiquitätenladen äquator qualifizieren puderquaste requisition ausquartieren quer verquellen sequester aquavit quacksalbern obsequent requirieren quecksilber aqua unqualifizierbar quadrant marquisat bequemen quellen quamquam abquetschen aquarium quaken verquicken aufquellen quentchen aquafort antiquitätensammler quere quandoque äqual aquarell unbequemlichkeit quetsche aquamarin marquise äquilibristisch quadrieren qual verquoll äquatorial quieken quaquerisme

b)

Adquisita durchqualmen ausquetschen quinta quelque claque konsequenz qualmen aquatilien puderquaste liquidation quinte aquila aquarellmaler quintett banquette anquetschen quantität enquete erquickung einquartierung quitte cuique antiquar marquise quappe equipage durchqueren einquirlen quittung nunquam clique medianquart quoll equitation gequäle quarantäne quidquid faquinismus liqueur plaque quirlen equivoque gequollen quartal quicunque paquitta antiquität marquard quotieren taqua fraquent marqueur quintaner quinquillion pasquil qualm quidquid enquotieren gequake hervorquillt quintessenz quirl aquarellgemälde qualmig quinquelle claqueur liquid marquisat quittieren plusquamperfektum quitt quinquevir tiqua einquartieren quantitativ quinquecentisten antiquariat konsequent quidlibet biquettieren durchquetschen quark quinaquina equestris quasquillant liquidieren quisquilien equus gequieke quotient pequin cliquenwesen quart quinquagenarius

21. x

a)

Abgangsexamen lexikographie examen exkludieren faxe hexameter luxuriös text exegese xenia mastixbaum jux konnexion taxierei exekutieren kraxelei hexe luxusartikel vexieren exakt verhexung fixierung wassernixe sphinxsockel kuxschicht hexen mixtur oxydul examinant verflixt foxtrott kraxelei nixentanz exempel paradoxie hexenfahrt luxusband kraxler flexion juxbruder taxierung exemplarisch mastix faxenmacher lexikon examineren nonexistenz hexengeschichte zixrode exerzieren protoxydfixum kraxeln textkritiker boxer buxbaum koaxen luxuspapier exil paradoxon hexenmehl nox taxus existieren kodex hexenmeister luxus texas exaktheit konvex lexikographisch examina xerif apoplexis flexionsendung taxatoren exeget perplex fixstern konnex luxusausgabe vox kuxe hexenprobe mixen textausgabe kraxeln juxbaron oxygen examinator mastixfirnis kraxler storax exegetisch exklusion verhexen hexenprozess streitaxt exekution kruzifix fox luxus

b)

Myroxylin hexentanz oxalsäure exklusiv reflex affixum kux maxime exmission elixation prachtexemplar nixe textworte exoterich phalanx vexation lexikalisch vexierbild xacaras kadix axel laxiermittel taxameter exotisch mystax boxhandschuh sextant exkommunizieren helkoxerosis lax maximal vaxholn expansion alix axt dextrin oxyd sexuell expedieren kalexitria fix nachexerzieren vexierspiegel reflexion kruzifix syntax exmatrikulation peridexion kuxschicht taxator expektorieren naxos praxis textilwaren myrexylinsäure oxydationsfähig explosiv kynorexie boxkampf saxophon toxikologie affix hexere oxhöft vexierbecher xanthin phönix kuxe nexus taxe exmittieren xenia elixivation maximalbetrag expedient xanthoxyd myrinx fixieren sphinx exorzismus xenops laxin droschlentaxe exkommunikation reflexbewegung textilindustrie expedition keryx äxte laxheit vexierschloss explizieren aloxe taxation experiment boxkunst oxydation exkursion xestes

22. y

a)

Gymnasialabiturient hyperbel nymphe physiker aethyl hyäne leyden lymphatisch sybarit homonym hypothetisch mythisch syndikus chrysanthemen hyazinthe mythologie syenit dynastie hydraulik wassernymphe physiognomie gymnastiker hysterese physik syllogismus azetylen hydraulisch oxydul realenzyklopädie hydrograph märtyrertum psychologe type dynamik lowry mythus physiognomisch gymnasialdirektor nymphomanie syllogistisch etymologe hydropatisch proselyt pyrotechniker hydrostatik papyrus rhythmisch synthetisch dynast loyal physiologe savoyen synchronismus hygiene mythen prototyp sylphide typographie zyklopisch zylinder dynamo hyperbolisch physikalisch typhus hydrographie mythe proselyten sybaritisch gymnasialbildung hysterie synode synonym fayence hydrographisch psychiatrie sykomore gymnastisch mytholog physiognomik dynamisch hydropathie savoyerkohl syndikat chrysoberyll nymphenhaft syllabieren typisch baryt oxygen rhythmus sylphe

b)

Zyklus zylindrisch hypnotiseur lymphe myrriade synagoge hypothese kryptogamisch symbola tyrannisch gymnasialschüler lyzeen myrrhen porphyränhlich chrysolith hypnotismus oxyd pyrotechnik byzantinismus lynchen physiognotyp zyan hypochondrie märtyrergeschichte myrte etymologisch meernymphe psychologisch hypotenuse lyra mysterien symmetrisch hypothekargläubiger pygmäen symbolisch gymnasium mysticismus typus tyrann hypochondrist lyriker pyramide sympathie hypothekarisch märtyrerkrone sympathisieren krypta lysol mystik thymian zyklop hypothekenbank oxydieren symptom zyniker zyperwein hypnotisch lymphgefässe oxydation physisch hypothekenbuch myrrhe symbolum zyklisch gymnasiast krystall physiologisch tyrannisieren chrysanthemum märtyrertod systematisch hypnotisieren myrrhenöl symmetrie zynismus hypochonder lynchjustiz pyramidal byzanz krypte mystizismus sympathetisch hypochondrisch myrtenzweig tyrannei chrysopras lyrik mysteriös

23. z

a)

Abzuzahlen besitzverzicht zündholzbeize schatz abnutzungszeit bilanzzinsen terrazzo erzstutzer anzuzweifeln potzblitz zurückzuzahlen schulze entzündungsbazillen zackenwalze drahtzugzange absetzungssatz blauholzzoll einzugszone schmutz beizzentrifuge zahnzangenzinn ergänzungszweck anzuzapfen holzspitze zündkerzenzerstörung besatzungsspitzel zauberzeichenzettel erzkanzler abzuzäumen zeitzeichenzusendung pelzzipfel abzahlungszinsen zündholzfabrikzusammenschluss malzbezeichnung zickzackblitz elektrizitätszähler anthrazitzeche zurückzusetzen entzifferungszahl bezirksarzt blitzerzeuger zusammenzubolzen abzuzäumen zechenholzabsatz falzzange abkürzungszeichen absatzzettel zackenzinke intermezzi abzuzählen besitzerzimmer zurückzuziehen pfalz zwergbezauberung razzia erzzahn balzzeit blitzzug zechholzbolzen erzählerzensur zuckerbazillen zimmerholzplatz erzketzer abzahlungsziffern zusammenzuzählen falzziegel besetzungsziffern besetzungszone zapfenholzsetzer

b)

Entzündungszelle anzahlungszuschlag enzianwurzel schutz besatzspitzen piezoelektrizität zivilanzug anzuzählen zehenspitzenentzündung pilz abzugszapfen zuckerbretzeldutzend nutzen abzuziehen zeidelzinszahlung heizungszentrale achtzigzinkig zusammenzusetzen ersatzzwinge bezirkszuschlag weizenzinszollamt geizhals abzuzirkeln zinkerzspat bronzezeit walze amazonenzeichnung zuzuspitzen einzeleinsturz filzbezug zinsenabzugsabschätzung stolz litze anzuzeichnen zuckerzersetzung einzelzelle abzuzwacken zobelpelzmütze hetzzeitschrift bezirksziegelei zuzusetzen zwirngazespitzen anzuzetteln zuzujauchzen schwarzerz putzen anzuzünden zopfzeitergänzung ersatzziehung abzuzwingen zuckerwurzelzüchtung schwitzen zettelzeile zuzustutzen fez anzuzaubern zinkersatz einzahlungszwang abzuzeichnen zuzublinzeln salzeinspritzung achtzehnzeilig zugwalzenzwinge exerzierplatz besetzungsverzeichnis patzenhofermalzbier fetzen anziehungszentrum zusammenzusitzen geiz abzuzielen

24. s, h, 5 und r, k

Die Buchstaben und Zahlen mit ähnlicher oder umgekehrter Zeichenbildung unterliegen oft einer Verwechslung. Um durch das „Raten", wie es innerhalb eines Wortes möglich ist, nicht eine Sicherheit vorzutäuschen, sind die Zeichen, auf die es besonders ankommt, für den Anfang des Wortes gewählt. Man achte deshalb bei den folgenden Übungen besonders auf den ersten Buchstaben.

Nachstehende Hinweise mögen zur Erleichterung der Aufnahme dienen:

Auf „q" folgt stets ein „u".

Treten Zweifel zwischen den Vorsilben „ad" oder „ab" auf, kann zu $^9/_{10}$ „ab" angenommen werden.

Nach „ü" am Anfang eines Wortes (mit Ausnahme der Eigennamen) folgt „b" (üppig bildet die einzige Ausnahme).

Es werden zumeist nachfolgende Gruppen verwechselt

s h 5, r k, u v 4, d b 6, ä c q y, f l ü z 2 3 7 8.

a)

Solist kippen suade richte sanft 551 robber hündin kopf
rübe seife halle kuchen helle kälte hirn raben sinter 562
real honig soll 574 kerze hüne sub kirche sang rieb reihe
597 robe hals kopie rubin sintern helm kufe hirsch kamin
hopfen race sollen 581 rebe hunger sude 524 kessel halt
sankt kirre seil rieche sippe 566 robot hemd koppe ruchbar
solo hirt kugel hopp kamm hungern rache suchen 507
recht halten sarg 579 kette hengst sein kirsche sitte rief
somit 589 roch hiss korb rücken sucht horde kuh hymne
kanne hand rächt satan 530 rechts henke seit 570 ketten
hitze sittich kiste sonach ried suchte 516 roche hören
kord rüde saaten hürde kühn hanf henne räche schelle
549 rechte hitzig sitz 587 keule horn sonnte kitt sucher
riege saal 526 rock hurrah kork rudel schach hang kuhn
heer kampf hindern rack sonde 565 reck hornist sich 503
keusch hurtig smalte kladde spähen ries summe 542 rodeln

Kegel herd soda kicks spalt riga summen hierher kniff hose :adett huschen rogen dacht 594 rufen hart scharf 555 kdhl herr kiebitz sichten raff sodann 530 reef hierhin knopf rille spalte hosen kraft hussit sumpf krähe harz roggen sœn 556 rufer herz schau 503 kehle hiervon sie kaff soeben ragt spalten 534 reell hotel kiefer rind sund husten knote hase kaffee hetz roh saft 502 rüge hilfst schauen 536 keır hott sieb kiel sofa rage spähen 534 reep hut koch ring sɔahn hast kram heut käfig hissen rahe sünde 575 reff hdfft sage 519 kehren hütte sechs kieme sieben ringe sofern 536 rohr hauch kochen ruhen sündig hexen krampf hirtin kahl hört rahm sago 549 rege hydra sechzig 557 kehre haar sieg kien siech ringt sofort 585 röhre hebe köder ruhig super hiatus kran hob kahm hub ralle sahne 526 rejen hab scherz 563 keifen heben siede kiepe sog rinne :pannen 555 rolle hie kogel ruhm süss hobel krank hübsch kanon haben rand saite 581 regie hecht see 538 kehre ıieb klafter sieden rippe sogar 595 rollon

b)

Hobeln korso rühmen spant hudeln kund habit kant heck ranft salbe 552 reh seele 509 kehrt hief sieg klage sogleich rips spass 566 rollt hoch kosen ruhr saldo huf kunst ıache kante hede rang segel 523 reich hielt siegel 580 kefe höchst sohle klamm spat riskant salm 536 rom hufe kɔst ruin scheel hacke kuppe heer karte hier range siegen 593 reif hocke sohn 549 roman keift hupner spatz klang :alon rispe segen 505 hacken kosten ruine siel hefe kur hi:ran karre hocken rank sol 562 reife hüfte speck 518 keme hader salve klapp sehen riss siesta 574 rosa heft kınvikt rülps solche hierbei kurs hof karst hügel raps sȷeer 530 reihe hadern salz 586 keimt heften sehr klar sibe rist sold 542 rose hierin kordon humor rumor stag hdfen krude huh kursie hafer rasch same 598 reim hegen seicht 515 kenne sims kneipe sole ritt stahl 509 rosette höfisch kocht rummel huhn kurve haft kaste hehl rast sat 565 rein hilft seite 521 kennt höhe sitzen kneipen

25. u, v, 4 und d, b, 6

a)

Uhle 456 blut dieb 490 brief 651 uessling betreff ualand vag uichte dieweil 462 väterlich diskont 692 dolde bravor drall 401 brosam 612 495 vesgeit dresch 441 büchlein 602 viehzucht uhlfeld dual vierzigste 647 ueten visieren 609 641 buhle vogt 423 vollblind 403 uarby burlesk 656 uifa dur uhlich 404 boa dutzend 493 brief 603 ueter betreffs uatul vlacho uiffing diele 411 vagant diktat 641 dito breiart doldig 467 brotneid 603 415 vegetas dran 408 büchse 671 vestalin uhlig drill viel 652 uetersen vigilien 435 628 buhlen vögte 682 vollblut 405 uama burnus 614 uipa duell uhlmann 423 bock durch 425 brigg 614 uetum betrieb uigen vlada uhrbach duz 498 vagheit dielen 672 diktion breite doch 403 brotteig 601 423 vegetativ dom 427 buchung 632 vestalisch uetikon drang vielesk 601 uisof vignette 413 625 bühne visierung 625 vogtei 426 uhrban burschen 605 uettert drin uilac 402 bog duett 438 brom 605 uhry betrübt uetteroda

b)

Drauf uettingen 400 bohn drischt 437 brot 639 uipeci brache uka vision uettlingen duft 481 vogteien dürfen 631 dyn bremse diener 425 bruchteil 679 431 vollkraft ding 409 bücken 638 vladila uissigheim dock vakant 410 uhrey bukett 628 uetz dorf uitenhagen 429 bürste dreck 437 bohr 629 uckley bruch uetze vehikel uitgeest droge 411 veto dumm 671 dürr brachen dynamisch 425 bremsen 610 489 vielmal dienst 439 brücke 608 vikar ukrain dingen visionär 615 uetzing vokabel 434 672 buddeln vollmond 600 vladis 418 uithorn bulle 609 ulam docek uhrglas 432 bös dachtel 456 bub 629 umschlag bratsche ungern vorkost unreif hugew 480 vorschmack daneben 623 dattel bretter dekret 420 brünett 691 482 vorzeit dhampur 400 büfett 627 verderb unzier djati verhasst 654 usance veronika 409 639 bündnis versteck 631 vliemen 499 ueberkleid bussard 610 uebervoll dwelling uefingen 481 brand dziem 438 busch 625 uhrschrank brauer umsicht vransko ungültig dadurch 470 vorlage draba 604

26. ä c, q, y

a)

Yachtwerft centavos quai yard äderchen quartmass ämter
ciga yelding quetsche quotient yper äsung quoeux ächze
cleff quak cuno äussere yrak yagi cerevis quartstoss yarn
äoli quetschen cia ädern cigarre yodeln quotieren quoga
ypir ämtchen quaken äther quartal clemen yore cunow
ächzest yoghurt certe quetsche yarrow äusserst quiat czako
äoste cigarette yodle quohren ypert äronautik quake ängste
cleve ywa cuny äthyl yale ces quarta yatak ächzst quetschst
czar äusserst cigler yoho quidde quolsdorf ypres äoze quakst
äronaut cliche yxen cuntz ängstlich yersin cis quatant yaw
ätsch quetscht caan ächzte cineme yoiks quiel quorrn ypsi
äusserste quakt äoya closs yzen cunze äronautisch cluo yoe
claque quarte yawel äolsharfe quetschte cabanis ätz cines
yoke quies quraitu yreka ädere quakte äecat yzer cunz
ärostatik york claqueur quartett yawn äpfel queue cabig
ätzkali cirkus yokel quieta qruah yrke ädert quaktest äuya
clouth yzert cura ärostatisch york con quartier yclad äquator

b)

Quy ära coon yrun cyliax ätzte yström cosinus quäker
ye äffst quarzsand cahen äilt clag yonder quieke quin ybor
äfferei quyndi ärger cohen ysleda cyran äugen yurk couleur
qual yea äfft quarzig cahn äilts clair yore quiekt quinke
ybit äffen quyon ärgerlich cohrs ysper czach äuglein yahoo
coup quähen yean äffte quassia cain äosolo clam yorker
quiekte quindt ychou ägir quyton ärgern colas yssan czapek
äussere yates coupe quäle year ähnele quaste cajar äich
clar you quillt quiram yaby ägide quyson ärgernis collin
yssel czarni äusseres yellowes clique quälst yearly ähnelst
quästur cabisius äin cisterne youngish quinta quring ydes
älchen quyquyo ähre club ystad curie ärztin ype clown
quabbeln ysolde äusserst qualmen cacao ätze citius yeoman
quendel quitt ylving äonga quodt äonla cmok yvec curth
äser yak coeur quack yucatan ähren qualmig cäci ärztlich
cito yes quent quinte ymir äusserung qualke ätzest cob

27. f, L, ü, z und 2, 3, 7, 8

a)

First übel zahn firma üben zaar fund lust 745 luft zwist 796 fürst zebra 831 lift über 201 ülzen zacharias für licht 280 füss lord zeremonie 369 850 list übrig 313 lied überall 291 865 245 faust leid zabern fall überaus zoll fass 319 708 labil ütersen 793 laube überbieten 815 labe 267 fünf überblick zug furcht überdach zerren feile 860 lack überdies 371 lunge zieher 729 fäulnis zerwürfnis 894 fichte überdruss zebu feucht überfahren zeder furche laie 752 leier zink 719 fessel zelle 899 lauf überfall 287 überfliegen zahl fidel lage 271 flasche legion zinn 384 zyklon 830 lagune üppig 358 labsal überfluten 248 800 207 flach lakonisch zwirn fliessen überfracht zevier fluss 351 729 lahn übergabe 762 lauenstein übergang 841 lampe 295 fabel überbieten zeuss fibel übergehen zilly zepter fertig übergenug 826 lechzen übergiessen 389 leck ziffer 719 famos zigeuner 284 feudal übergolden zibal zimbel frugal übergreifen zigarre frieda

b)

Fenster limburg zenith 379 zeitmass 818 largo übergang 367 lerche überhaupt 204 893 271 frottieren lieblich zote fakir überheben zone faktisch 367 725 lasso überhin 765 lingen überhoch 853 latein 294 362 frost überkleid ziege faktor überklug zeng forst überladen 821 lawine überlang 256 lektion zoolog frei zürich 298 falte überlast zwerg fürchten überlauf zuave falke legat 753 leiche zügel 749 familie zylinder 824 legion überlaut 290 überlegt zwingli fall luna 287 filiale lüneburg 279 zweig 378 zwetsche 805 lübeck überlesen 357 lohn überliefern 209 895 258 finster loggia zunder lante übermacht 826 loggen 264 falstaff übermass zunge fanatisch übermensch zeiger flanell logisch 729 lokal zichorie 762 fang zaun 809 lukas übermut 264 übermorgen zorn fritz leuchter 275 fantasie lotte überreden 281 813 827 faraday lucia zauber freude überreif zitadelle fanfare 349 734 ludwig überrest 809 luke 256 farm überrock zirkus frankfurt übersatt zürnen farn überscharf 841 lauschen

28. e, i, s, h in der Mitte

Folgen Buchstaben, die aus kurzen Morsezeichen gebildet sind, aufeinander, dann erhöht sich die Geschwindigkeit, infolgedessen wird die Aufnahme schwieriger. Diese Übung bringt Wörter mit mindestens 4 aufeinanderfolgenden, nur aus Punkten bestehenden Buchstaben e i s h.

a)

Abreise vorziehen ersehen reisigen iseheimer zachheit wiesen chaussieren heeressache aufreihen überdrüssig eisenarbeiter giessen beschliesser unbesiegbarkeit speisebrei abreisen wiese dabeisein seihgefäss eisenach zusammenziehend ersessen eisenwerk bärbeissigkeit daherfliessen seeschiffahrt weggiessen visiere freisinnig hingewiesen abschiessen verweises eisenabgang preisselbeere zaehigkeit überessen eisenbahnbau gesehen aufreissen windeseile freiheit dressiert abreissen erweises flusseisen seeigel baronisieren dampfesse spiesshirsch seehöhe zuschiessen durchbeissen schweisseisenpreise stickereiseide fantasiesocken salatseiher wegreissen verbeissen erweisen entliehen abschleissen ungesiegelt eisenbeize heisshunger zuschmeissen durchfliehen spiessen sisi aufsehen visierlinie friesel schweisstropfen besehen überfluessig eisenbahnbeamter abschliessend unfleissig freiheitsbaum

b)

Zeisig verbessern erzgiesser seeschildkröte beseelen ungesehen eisenabfälle ausgesehen abseihen visierstab spiessig dreissigjährig aufspeisen delikatesse kannegiessern vorausseher zeisiggrün durchfliessen organisieren heesch abszesses verbuessen erzeugnisses festgesessen wegreisen durchfloessen fieselartig prinzesshemd fantasieseide gänseherde zeihen verweises erzgiesserei gusseisern aufrisses visierkorn frieses kieselgur abschliessen verehelichen erweise zehensehne beehren wegreise darleihen eisenbergwerk beschliesserin unerwiesen speisehalle zuschliessen dampfkessel eisenbahnbillet absehen wessen ungeheissen seihtrichter aufseher überfliessen erziehen seeschlacht befleissen visiermass eisenader schweisstuch zeisige verbissen freiheitsdrang geweihe abspeisen wolfseisen friese spiesser praehistorik beseelung verweisen biessehofen kretazeeisch beelst

29. Lange Wortverbindungen

Dieser Teil ist eingeschaltet, um die Konzentration zu stärken. Diejenigen, die sich nicht zu sammeln vermögen, lassen den Rest des Wortes aus, wenn ihnen durch irgendeinen Umstand bei der Aufnahme ein Buchstabe entfällt. Es ist deshalb bei den „Langen Wortverbindungen" darauf zu achten, daß der Aufnehmende mitten im Wort versucht, den Faden wieder zu erlangen und nicht auf den Anfang des nächsten Wortes wartet. Durch vorsätzliche Störungen kann die Übung wirksam unterstützt werden.

a)

Zweckmässigkeitsgrund metallstopfbuchsenpackung reichsfinanzverwaltung familienbekanntschaftsverhältnis 385 3/5 0/0 reichsüberwachungsstelle oberartilleristenmaat wechselstromerregungswiderstand literaturwissenschaft landsknechthellebarde reichseisenbahngesellschaft nordpolargebietsforscher literarrezeptionalistik 4,15—6,23 amtsdienergehaltsvorschuss reichstelegraphenverwaltungsausschuss literaturwissenschaftlich reichstagsplenarsitzung oberschuldirektorgehälter aussenbordmotorbrennstoff ausführungsübereinkunft schiffahrtshindernisse mindesterhebungssätze 1914—1918 funktelegraphentechnik literardifferentialistik stationsverzeichnis befähigungsnachweis tiefseefischereifahrzeug literarpsychognostik fernsprechdoppeleitungsführung hochseefischereiverhältnisse

b)

Nomokratischphysiokratisch sensationelltheoretisch literarrezeptionalist lämmerwölkchenhöhe aussereuropatelegraphenverkehr leuchtturmwächteranwärter 1806/07 tiefseekabeladerbruch superheterodynereflexempfänger ammoniumbisulfatverbindung radioexperimentalvorträge quecksilbersulfatüberzug 670325,328 calciumcyanürammoniumsulfat diamentralpsychiologie schiffsdiensttelegrammempfänger turbodynamomaschinenanlage edisonnickeleisenaccumulatorenbatterienfabrik oberleitungsaufseherzulage provinzialschulkollegium fortpflanzungsgeschwindigkeitsberechnung anhydroorthosulfamidbenzoesäure funkentelegraphendienstanweisung weiterbeförderungsunkostenvorlage 0,00325% methylosyphenylacrylsäure dampfschiffahrtsgesellschaftsverträge winkelgeschwindigkeitsverhältnisse methyloxyphenylcrotomsäure niveauflächenmittelpunkt

30. Gemischte Zahlen

a)

84562	$7\,{}^{1}/_{8}$	982	$79\,{}^{1}/_{2}$ %	(126)
(8724650)	$20\,{}^{8}/_{9}$	$771\,{}^{1}/_{2}$	$198\,{}^{1}/_{2}$	$4\,{}^{1}/_{2}$ %
770129	${}^{14}/_{15}$	19 – 87	$97\,{}^{15}/_{16}$	7117 %
721076:4	$101\,{}^{17}/_{18}$	106 – 270	$8\,{}^{7}/_{8}$ %	2008 ?
${}^{12}/_{18}$	62 ‰	$7\,{}^{8}/_{11}$	46 – 101	$48\,{}^{7}/_{10}$
1048 ?	3 %	80197:5	$62\,{}^{11}/_{12}$	3228,4
$92\,{}^{4}/_{15}$ %	84 – 371	(7425)	$911\,{}^{17}/_{36}$	123 – 297
$3\,{}^{1}/_{4}$ ‰	6319	714018 ?	$318\,{}^{5}/_{6}$	121 – 232

b)

$7\,{}^{7}/_{9}$ ‰	1829,5	19131:7	$77\,{}^{5}/_{8}$	987 – 1213
$790\,{}^{13}/_{18}$	‰ (2425)	${}^{19}/_{21}$	522981	196 – 324
522 ?	$1\,{}^{1}/_{2}$	$721\,{}^{13}/_{18}$ %	12 – 17	$771\,{}^{1}/_{2}$
77191:5	12972,6	$72\,{}^{1}/_{4}$	(99879)	$75\,{}^{3}/_{4}$
202 – 297	384	$6\,{}^{1}/_{3}$ ‰	${}^{23}/_{45}$	$978\,{}^{8}/_{9}$
711 – 712	$91\,{}^{5}/_{6}$	45877 ?	29445:8	$3\,{}^{4}/_{9}$
$1195\,{}^{11}/_{79}$	991 – 1013	$10543\,{}^{1}/_{29}$	85274,9	$115\,{}^{2}/_{9}$
293 – 187	$77\,{}^{1}/_{4}$ %	(8643)	$1127\,{}^{19}/_{27}$	${}^{5}/_{3}$

c)

293 – 374	$346\,{}^{9}/_{10}$ ‰	972	9871 – 1098	$7982\,{}^{1}/_{2}$
8321 – 1098	72891 ?	$129\,{}^{6}/_{7}$	${}^{25}/_{36}$	3 – 5
$12\,{}^{1}/_{4}$ %	$7710\,{}^{5}/_{6}$	87 – 878	$874\,{}^{9}/_{10}$	98291:3
346982,5	${}^{13}/_{200}$	43 – 201	$14\,{}^{5}/_{48}$ %	$1\,{}^{40}/_{43}$
108 – 140	${}^{7}/_{250}$	(72146)	80102	$14\,{}^{5}/_{6}$
13 ?	7213 – 9219	$7\,{}^{7}/_{23}$ ‰	283672:5	${}^{24}/_{943}$
${}^{3}/_{7}$	9028 – 10210	$1\,{}^{43}/_{48}$ %	267,46	$1\,{}^{2}/_{3}$
(12034)	9 – 9	$10\,{}^{4}/_{5}$ %	153	1913/14

d)

12578 ?	$45\,{}^{3}/_{4}$	76 – 104	976:7	$4\,{}^{1}/_{2}$ %
$3\,{}^{1}/_{32}$ %	37867902,5	(38247)	$9\,{}^{1}/_{5}$	320
${}^{123}/_{2}$	13 %	7635434 ?	$19\,{}^{11}/_{12}$	$941\,{}^{3}/_{8}$
3 – 5	$4\,{}^{3}/_{7}$ ‰	2032568:4	${}^{13}/_{18}$	8.4
0,8	11 – 12	${}^{3}/_{2}$	$2\,{}^{1}/_{3}$	$4\,{}^{8}/_{9}$
2%	$1\,{}^{1}/_{3}$ ‰	67023,876	$113\,{}^{96}/_{123}$	1870/71
4,3	${}^{5}/_{7}$	$2\,{}^{3}/_{41}$	384627,23	0,0005
$7\,{}^{8}/_{9}$ %	${}^{3}/_{8}$	0,01 %	5,1000000	12 – 8

31. Schwere Buchstabenverbindungen

Wie bei der Aufeinanderfolge von kurzen Buchstaben, begegnet auch eine Gruppe von schweren Buchstaben größeren Aufnahmeschwierigkeiten. In den Wörtern sind drei und mehr schwere Buchstaben zusammenhängend vorhanden.

a)

Acetylplatinchlorür kalyflüfluss beglückt subclavial wüppfürth cölibat beglückwünschen auffüllen unvollzählig 345 34/47 wülzplätze trüffeljäger behülflich erxflügel löckchen auffüllung unwillfährig trüffelhündin yaxlypfad beifällig durchlüften adhäsivpflaster trümpfe unwillfährigkeit 32563.243 durchschlüpfen beglücken beihülfe eckplätzchen unwillkürlich 8 3/5 % tuchabfälle überbrücken einpfünder sumpfvöglein vollblütigkeit neophyx 293,6–346,05 flüsterton röckly glöckner vollführen scylla wälzen chelypark 6,07 0/00 flüsterlaut glück lyfa vollbürtig explosiv poplyfugien glückwünsche 7 3/8–8 2/7 sumpfpflänzchen polycäphalisch flüsterstimme sassafrasholzöl lackbäckfähre 4 1/2–5 2/5 % explodieren glücken forthüpfen aaspflanze präcession abfälle maxfleet vollführung sumpfpflänzlein glücklich frühäpfel explosion überflöge caquyförsterei schülpfliess

b)

Pelzäffchen difflation zöpfchen kampflust abfällig sülzplatz boylklüfte püffy püppchen herzgrübchen 0,0008 % zuckerpflänzlein xyklopie säbelzähner kampfhähne abflüge wurzelfüsser zöpflein frühjahr daktylioglyphik olexöl abflüsse herzklappe 1926/1927 gehölzpflanzung salizyl abfüllen interplästidarsubstanz 3 5/7 % abhülfe herzklopfen gehölzpflanzen xylöplastix fünfpfünder überflöchte cylly münzgefälle stahlquelle polyplaus allüberall zäpflein murrköpfig 8,35 0/00 luftkörper pülyphorisch alpdrücken präphysma stallbürste 582,25–7234,5 lüftlein zündhölzchen alpenführer gehölzpflänzchen 8 9/10–7 5/8 lüftungslöcher stahlquote muschelförmig pfäffenhain kryptokatholizismus pülypragmatiker 5 2/5–8/3 % läcrymabel stallfütterung anblöken kopfzahl muskelkräfte luftpflanze köpfchen 32,7–25.3 pölzl quarzporphyr carlyle kläffner luftzüge

32. Zeittafel

Folgende Zeittafel ergibt die Geschwindigkeit.

Hierbei werden Zahlen, Satzzeichen und Bildzeichen als je zwei Buchstaben gerechnet.

Auf 40 Buchstaben bezogen, ergibt sich:

Gebezeit in Sekunden	Geschwindigkeit in Buchstaben	Gebezeit in Sekunden	Geschwindigkeit in Buchstaben
60	40	37	65
59	40,5	36	66,5
58	41	35	68,5
57	42	34	70,5
56	42,5	33	72,5
55	43,5	32	75
54	44,5	31	77,5
53	45	30	80
52	46	29	82,5
51	47	28	85,5
50	48	27	89
49	49	26	92
48	50	25	96
47	51	24	100
46	52	23	104,5
45	53	22	109
44	54,5	21	114,5
43	55	20	120
42	57	19	126
41	58,5	18	133
40	60	17	141
39	61,5	16	150
38	63		

33. 5stellige, leichte Gruppen

V 101

(Jede Zeile sind 40 Buchstaben)

1.

dupbw	bcgol	lvysu	nprat	adukd	fhipd	38724
uwdry	hfrif	gqpab	lybur	vyggt	qezgt	29368
dyzug	iqgge	rkhez	hyzon	48721	jetjk	ykyfa
gykuq	mhneh	zudsb	yptzi	90842	bemln	cpxub
xekjw	skcum	rutvb	sunwx	qtyso	38139	tekrv
suslc	kytul	18237	xrumo	dujvt	itssi	ximtc
cydek	ruzpg	24903	gikzw	vanob	rvvub	mexws
samqv	jrmuz	kencd	jdzag	xxris	guwyh	65342
edsqa	dixtd	ratfz	52861	taqgm	derzw	evbqi
hyjur	23045	vcuko	babhc	olicj	lorck	tejdm

2.

sajww	vxmos	dkdul	bylln	amfci	32323	welgz
yseda	kepzf	ivpdi	atqde	12457	zijhg	karjd
mbkef	atunc	49938	lygrb	gshat	bkwax	kullc
buhdl	hywel	hifft	ahegv	ophut	93652	gqpuv
pfvez	cuvgz	xwruh	rxcuk	egibr	gefsr	78231
ryhhr	firjz	37246	akyvz	tnqek	vimyr	akvlu
hevih	dankt	qusbj	cawcz	nwris	fxfap	46901
93542	lingl	uwedd	imdgu	kyrfh	uryhi	rzrew
axytp	qfefo	saqqv	rifhm	42034	wembr	marcl
aqelr	pufsl	jsysi	dkmis	86537	dgyve	cftyx

3.

15682	metqr	eslho	vwoke	gygpt	mgpit	dhqam
wpicu	imyrx	myqcb	befir	32755	jlyvu	kxifa
adyto	kyszk	jupsc	uryst	76547	etldi	vygps
19509	hapbc	okcgi	uvvso	setwc	qkyre	lrxip
uwdni	fymfw	elajx	nywuz	stone	53650	lrxip
53658	ecgpa	vebhs	riyls	watzx	lvxar	swvud
mutjp	iskxy	metbn	67878	zucnm	rxkur	afejy
gebbm	zedxr	83852	uwsni	dtgen	ikkja	jjguh
68741	nywuz	tehrt	iqegv	unyrw	evlca	duqpt
pddik	pinfs	temxx	dywuc	90362	qimqr	krbes

4.

nungr	ghwig	acibz	pbjuw	gszuk	tseda	83838
97591	egibj	fepkx	agcbi	endfy	jicvx	fwdem
xtlon	nytiw	ffbbd	cgwub	xikxn	13254	yhzzn
ispxy	dicqk	huphd	naljm	36835	hexay	dbqam
mibrw	qesaf	kruhe	uqokl	jdwej	bcmuz	00723
pthim	xvzac	ilpce	cfikl	67845	vygit	fgebe
dajwr	lxzes	pqlup	krtuw	49153	bypos	kikgb
75429	syfep	vygzs	ersmy	nibtd	uzhfa	ruwjd
hesbf	lefxc	hvmez	ituhw	85897	qkhis	uwedl
huwel	cdnas	efypx	mynuk	pcati	womys	65398

5.

ysacf	giqnz	bymep	qwibp	23896	ekicr	bekzl
epggy	ethne	kyrih	jekbs	sajjw	35987	rycel
yoyje	sugjz	cnqaf	lugdr	ftwuf	icvfe	74558
94514	ewksu	eschl	affpi	bglim	ixwnu	kxgiw
ipysp	priqv	numhq	fjxag	pybif	wegrz	47382
pegrl	qensw	kugkx	rlsaz	quisb	jmcha	83925
tegel	agvle	npfih	pqzec	01928	pobdg	vebfs
rwteb	lykxd	zudrv	varsk	tadqp	43987	zumon
bagyh	atunz	69584	ktcit	juzvg	pkjgi	dkmis
etbdi	ejcri	gubwn	watxx	hwlke	08542	fynex

6.

65764	xusdz	devgb	opecy	vzmur	fivpd	qfego
azifg	lhbut	kitbk	bcjic	axrki	wotsn	77857
ukjlo	skmov	tejda	hfvih	74839	femtv	mvqir
aligl	ximpd	75319	lygeb	edytu	hifwt	dujxt
03815	kiwqm	jrbut	uchju	nevjw	lytim	kiszh
qbfam	axcno	wxyte	mxgli	79029	rdape	wslez
dlije	uxfke	kenyd	ruzzg	02495	luxtr	rlvvd
gtede	hwyta	afefb	durdx	ufyva	gimwx	41278
njhul	zkbin	82837	nyvox	cebef	idolx	uryse
mutlp	edebp	bgxez	fhkot	52890	fyhur	bedzg

V 103

7.

kohqx	bejrl	exjdu	nkmua	86614	xekbw	gydcr
ytefy	amsja	hizlm	phbui	06547	updmo	epuhf
vtnul	ikvge	58342	arumq	cigrl	hyxim	ejalg
ehyrw	dunxv	bitsv	ilytu	53326	kephf	qybur
imygu	szvud	amvdy	pwqes	68027	uljgl	agkby
myenr	uvbck	30236	fypiz	excpa	clweb	ulpre
ypozc	dkyre	hapyc	zivzp	kuqoc	41453	ryhar
devfs	alyre	lbpyh	xulcp	64546	rqrux	avrno
kgzap	gaxhh	96687	pyrkp	vdfem	vubsl	futkt
jmudy	jkmys	fwidu	ipghe	mybox	89052	pacvg

8.

vklel	qpzip	92675	swehf	musjn	ymeww	kxkuz
gqbon	tadrp	bozkc	tehlt	nykam	87878	enzci
mifsb	vartk	kukpb	pqceh	vulbr	86520	hibcp
tafvr	xenws	edrfe	mansm	bagdc	dfwuc	88713
03268	bxxez	kytiw	tcoju	idolv	aligg	nyziv
tagzs	kiwbm	qwbiv	exxne	qhhis	72238	mujjn
14582	gebcm	ndmun	pyduh	xzhip	khibu	fyrlb
arecf	ceggf	kbbes	hogcv	afppi	52386	bqtov
cedhh	yzjge	pdzec	ffdun	rhapu	hsnib	80389
kiskh	plbif	03745	apgru	ryfhn	teltw	epvge

9.

gyhpv	ebocq	guquz	ynixj	azypa	rydei	28291
jucrz	sugsz	pypkv	29850	wlmuk	zewwf	pcxud
07246	bisst	hvxni	lipkc	jusqy	yfula	kelzb
pylir	cbfuk	69215	cigrl	ysscn	mglig	zhder
zchis	ugigd	gydtr	03182	invmi	pjlup	jkguh
nfmip	tgbme	emwri	dxgen	02437	lyhic	heslf
hqtio	fjmyn	vyxip	pemzr	bypps	qcati	16343
23579	kcype	zlvup	sbkut	mewcr	crriv	qsweb
kerng	lehpb	95083	gdsid	nfbud	htmez	abvby
dqjer	frger	erdgl	bhfog	bddif	mibww	87205

10.

19862	cuzsd	eztki	hjmub	onark	xvupy	edyba
pvbag	rebwh	fldem	debpg	edzfi	73782	hyqon
epuhx	pehym	58423	yruby	jiszt	fivbd	rxvic
lyffz	ovbni	rpysa	pirsv	53872	uxdta	kffev
rcmet	erdma	tvido	juwwb	ngkil	98765	hhkix
nytiw	neqfv	73150	lefwx	zubxn	nysev	nyxlb
pisgw	duqht	gyjec	fekzs	ifgky	50561	cilkp
eqavj	skgir	hbhew	ilcca	65321	julln	splav
llwen	xerpf	puhdn	luzfs	qjari	03557	qimrr
34358	sqfep	ulrgi	bymep	lgbiv	hwesk	qestf

11.

fszeh	zupts	47796	enhme	mjsum	migvc	luqwr
labvt	ituhw	gkfam	igelg	lowxp	yvyje	86590
74325	qulxc	ytefy	quinm	zfemp	gyzil	murzz
pywib	ikzja	vqzer	fenrw	92432	nyvox	zbbut
nbtuv	miccx	wutsm	jyhtv	lwwel	03775	ypdqi
38272	jdbut	flyri	chigv	dwlus	vfsti	fghis
kggaw	nhhul	xhuli	gyzik	mhnuk	48532	jdytu
zawjn	jifkt	42648	kuqzc	gegbs	rkzif	sikll
idlbe	ompvu	fysuc	ccvix	30725	pdape	lyluf
taxqn	myxet	ldtim	zosfr	cqpet	63946	cpecr

12.

gedbp	cuxcv	vfibi	bwwax	63749	eztki	dyzug
ryfdn	pisfw	padxh	dyler	urvhi	15982	nwhek
emgri	ghwah	ebwup	zzxed	fnhis	90123	ypumi
zojmu	rilks	rezxf	gihdt	uxzta	pynut	73837
87777	yzlge	ukpvi	ginfz	gvoni	ihbve	gcrec
yzyko	mexgs	amhxi	bhujl	cydek	mdsum	52409
wemrr	lazsr	mkpal	nerls	19387	ridfm	tgcin
pucth	kizvn	pekpn	tafqr	duphw	93571	wymep
vwdag	ecxfe	79801	hidrs	legsz	hjhew	hkkix
egypo	likzc	nyxab	ltsel	inlco	98741	wptim

V 105

13.

gaybh	vclar	09837	igvfu	lylwf	umgxe	vrzer
pykep	siddn	hibyp	ufyle	hsnib	11984	ittsi
ujpfz	fuggr	gzapb	eddqa	vqati	derww	75486
87189	qezht	jufjt	migbc	qcjez	myxet	usxna
hyjur	lyfaz	aujfz	ggjez	qulyc	fysuc	38651
hyqon	21784	tkbem	whjes	tagjs	rzrux	apbru
rlmel	bylpn	akyvk	adlky	dutch	qundz	43673
vqfem	obypr	afefp	17213	micfx	hesgf	hupqd
gyhsv	ituht	92865	anrha	kofsw	afhpi	elavj
nvfih	ukebw	90567	tlice	fukvt	kciba	hlmub

14.

xxlep	maryl	bwgit	63427	isxmu	vpxip	sqnuw
hzgav	pypbv	gyhhv	miczx	grvef	tjjeb	32457
sclit	bdquc	fcfin	65733	wstec	ratbz	litld
zujjf	netgv	cildp	nfkam	svsac	qezip	35967
74362	jhtim	kakjz	ifgtu	hnaro	dfifx	gikyv
cigkl	dyvec	50493	kuljj	copkt	zsyri	rnvub
iridl	cpriv	lvido	27983	lucpw	yjapu	pxzud
ovqqi	jetrk	behqk	exinr	29865	rarww	ggypu
36945	wjmuk	zysts	csqef	lyhic	wqavv	jjmys
guzyd	kitze	94736	bwawx	vfibi	vxcuc	bpdeg

15.

kehwn	27485	urihv	relyd	hydap	wfslp	ndfyr
imupy	32456	sihnf	dexzz	puwbe	hawhg	irgme
73837	pyntt	atzxu	tdhig	fxzer	sklir	umjoz
cecgr	evbhi	inovg	zfnig	vpkui	eglzy	88778
90425	musdm	kedxy	ljuhb	ichma	sgxem	okzyz
nicgt	mfdir	78391	slren	lapkm	rszal	rrmew
pemyw	14728	oclni	lestl	baxyn	czkil	opyge
rezrv	ecgmu	fwlyl	ufvgi	73890	ralcv	hbxag
istti	48735	binsh	efylu	pxbih	nddis	bekyp
68543	wwred	itqav	aqdde	bapzg	rgguf	zfpju

16.

axnsu	texym	zejcq	cbgjm	tjfuj	thzeq	98187
15836	cusyf	cylqu	zejgg	zfjua	zafyl	rujyh
urbpa	xurzr	sjgat	sejhw	mebkt	48721	noqyh
87634	zdnuq	pctud	yklda	kvyka	nplyb	temlr
gfseh	xfcim	dpqyh	32734	pffea	rpybo	mefyv
jvale	iphfa	qsfck	ahrna	65847	thuti	vshyg
bumlh	abick	tvkuf	ecilt	tiens	76507	wbleu
wunqs	pixpv	umxsi	72436	tigwb	lyram	pelxx
75423	bejjt	fevrg	xzxim	vhhyg	bvpyp	vagzh
dtlil	cetsw	83765	nifcf	zbtar	cuqdb	tilcs

17.

76953	pizeq	sasvs	makfn	pdlic	vgten	fjjuz
vykig	xjijd	oranh	utgfi	zjkak	mithj	26347
buvzr	irysz	tkopc	jjluk	39405	cefyd	lkgik
duzxp	upajy	xpcul	38972	diovl	virpc	ldiri
upygg	rwwar	56982	rnixe	kqheb	krtej	iqqvo
symjj	aqvvw	echyl	feqsc	stsyz	kumjw	65896
elvbl	cctif	genvz	ichwn	23781	kqnsp	isrlt
prdff	abrfs	exxrm	efyci	gessl	emtth	23564
28354	isglt	hchia	apzth	idahb	ebvul	acwse
gemjz	ksmid	emjcy	odran	38707	ebvul	acwse

18.

femjz	skmid	enjcy	onrad	efxtr	yftlg	28471
millt	ichsn	cfadd	ghlar	czltr	03972	bbriz
gstyp	tlfiq	82403	ildrf	hpimo	cfimh	dphie
majtr	epvjo	pjsan	kpekl	ilfef	72895	augrt
cacwz	xcity	lfnih	pllen	glehp	34265	jjemb
hisyd	izcus	pijqf	rlfen	nichh	ifkqi	89132
98350	senyp	andbm	nsdat	diedt	samlz	ipndo
astyp	84932	ecnis	plivr	axiwl	addgx	rdeas
grubt	ewdlk	ajxic	imyls	84962	fsnem	tchci
ahsfl	enzgk	anznd	ivbng	32905	vhsal	wlamm

19.

abryz	hrful	sevcr	dende	28375	rebxf	aqyle
proff	injsm	pfgay	grent	74753	fznem	ibnum
ankbl	unllt	38295	ebbht	uxjme	smezz	csmid
hirpd	qcliz	fordl	umkzz	64817	rdjic	fnnas
prsan	undsk	43980	egpll	ptopt	bafgg	kerhg
dtzef	nvkil	lqwen	gefrr	23987	uywjs	dkamt
dwfam	dxhip	cstew	bivtw	linlg	xprif	76264
71829	sygir	bzmon	brcuf	zoswr	bisqt	zrbut
adbto	kelcb	xgyve	unegu	puhsn	75843	pymts
pdvez	rffem	92874	qvysn	huszg	cyfil	fyrvb

20.

kghez	fhdun	bbsti	zawcn	14263	wrasa	xmyro
mzjte	rygkp	xdris	lfrak	65970	tyfap	lzbuv
dllus	cpvix	45386	mgrem	zewhf	omzvu	gyzil
zqpos	srniv	vjfeh	lipkh	87434	hynac	lxwdd
ezste	nystv	redll	dibpl	34567	detva	homnb
lbvle	ltrsi	psnqk	18732	nhwci	zvneg	fitco
46532	httme	lsseg	ichfe	mrxxe	fsrba	ffdrp
eswca	luvbe	bhadi	htzpa	aihch	tlgsi	45382
17482	gitfy	rtxfe	darno	ycjne	disms	zjmef
zirbb	27930	rtlzc	ralhg	ddafc	nshci	tllim

21.

eihpd	himfc	omiph	freli	30428	qidlr	pytsg
trgua	59827	lkepk	nasjp	ojvpe	rtjam	fefli
bmejj	56234	phelg	nellp	hinfl	yticx	zwcac
23109	oqkfi	hhcin	neflr	fqjip	suczi	pysih
odnpi	zlmas	tdeid	tadsn	mbdna	pynes	04289
saedr	xgdda	lwica	rvilp	since	23948	pytsa
ihcct	mensf	26948	slymi	cixja	kldwe	tburg
mmalw	lashv	50923	gnbvi	dnzna	kgzne	lfsha
elyqa	fxber	58392	edned	rcbes	lufrh	zyrba
munbi	menzf	35747	tnerg	yagfp	msjni	fforp

22.

dimsc	zzems	imjxu	thbbe	59283	tllnu	blkna
sannf	cijdr	71846	zzkmu	ldrof	zilcq	dprih
kerhg	ggfab	tpotg	llpge	08934	ksdnu	nasrp
tmakd	sjwym	78932	rrfeg	newql	likvn	feztd
46268	rifpx	glnil	wtvib	wetsc	pihxd	mafwd
tubrz	tqsiv	rwsoz	turcb	nomzb	rigys	92817
stmyp	34857	nshup	ugenu	evygk	bclek	otbda
brvyf	lifyc	gzsuh	nsyvq	47829	meffr	zevdp
orymx	asarw	36341	ncwaz	itsbb	nudhf	zehgk
vubzl	pafyf	07956	karfl	sirdx	pkgyr	etjzm

23.

orymx	asarw	36241	ncwaz	itsbb	nundh	kghez
vubzl	pafyf	07956	karfl	sirdx	pkgyr	tejzm
lizyg	uvzmo	fhwez	mergm	68354	xivpc	sulld
ddwxi	canxh	43478	hkpil	hefjv	vinrs	sopqz
bnmoh	avted	76543	lpbid	llder	vtsyn	etsze
octif	genvz	23781	kqnsp	isrtl	elvbl	icwhn
prdff	abrsf	exxrm	efhci	gessl	emtth	23564
28354	islgt	hchia	apzth	idahb	ebvul	acwse
femjz	ksmid	enjcy	onrad	efxtr	yftig	28741
millt	ichsn	cfadd	ghlar	czltr	03972	bbriz

24.

gstyp	rldlq	82403	ilerf	hplmo	cfmih	dphie
majtr	epvjo	pjsan	kpekl	ilfef	72895	uagrt
cacwz	xicty	lfnih	pllen	glehp	34265	jjemb
hisyp	izcus	pijqf	rlfen	nichh	ifkqo	90132
98420	senyp	andbm	nsdat	diedt	samlz	ipndo
astyp	84932	ecnls	plivr	axiwl	addgx	dreas
grubt	ewdlk	ajxlc	imyls	84926	fsnem	tcchi
ahsfl	enzgk	anznd	ivbng	32905	vhsal	wlamm
abryz	hrful	sevcr	dende	29385	rebxf	aqyle
porff	injsm	pfgay	grent	74753	fznem	ibnum

25.

gvcap	xobym	lsbuv	ehgpi	aumkn	symkj	92771
tkluf	mefdv	89052	prkyp	udiwf	hhxag	ydumj
onrva	64027	xurqr	pclux	hypbl	eryla	pazgk
rahyr	coquk	bewlc	pzviz	87669	reykd	sfved
08315	aqcxe	igjlu	zipyf	cypah	kcbvn	czopy
erplu	lrgic	fhpek	24596	ydvma	duvzs	rneym
ybkga	86235	mixyh	utyli	vstib	shnal	ugymi
glaje	duxcp	omdpu	qmura	mlzih	egvki	43931
fhupe	gnrek	wbkex	iubhp	udjxe	10545	yfetx
rcdyg	nymjf	lelkv	92015	wwbim	lrjeb	xqhok

26.

fsteq	rcepc	mitqw	43856	dyzug	hifvn	gedpb
rrmiq	fulxl	xikkh	ittst	65961	vshyg	symjj
vapls	llkis	90425	vrzer	iqqvo	mefqv	upygg
pkiic	utyqj	nicgt	wxmep	48631	temlr	duzxp
blxyn	sihgf	48302	tgcin	lkgic	noqyh	buvnr
xikhh	iqdpy	imupy	rgcec	fjjuz	98178	vykig
65891	tubbz	kehwn	ypumi	itlcs	rujyx	dltil
veffk	zzrum	guzxd	derww	vagzh	zfpju	76952
civxr	09568	bpdeg	nwhek	pelxx	pekyp	wunqs
noqkh	rwlqu	xawwb	32784	eztik	hbxag	vvaqw

27.

ujpju	dumlh	mmalw	eswca	50493	lfsha	zjmeg
pykep	jvale	ichct	46432	hzgav	tburp	ffdrp
gaxbh	dqpuh	saedr	tlrsi	xxlep	pytsa	45382
egxop	03578	odnpi	oyqqi	oulbw	pnsih	lbvle
wemrr	urbpa	xgdda	iridl	gyhsv	53089	jjmys
yzxko	ayxsu	23197	cigkl	vyfem	zwcac	ggypu
78766	istti	bmejj	zujjf	rlmet	rtjam	pxzud
zojum	rezrv	trgua	10254	hyqon	pytsg	rzvub
48721	abick	eihpd	wjmuk	hxjur	tllim	gikyv
ryfdu	iphfa	zirbb	54653	pypvb	zjmef	djijx

34. 5stellige, mittelschwere Gruppen

(Jede Zeile sind 40 Buchstaben)

V 106

1.

otyto	xceyu	dsrgx	ywhkq	gydvw	¾ 8	fmhro
covhl	jruca	ocfcx	4,325	scgma	zeivz	ptaoq
xsuhp	cquly	wofbn	sztnk	5/638	twrne	cjiws
mkdpt	jrbpw	74.75	mcanz	grvnb	mclqw	fcioz
xzqoi	iduyk	lvyok	thvul	368,1	pvjox	kjifq
jmdaj	wncmy	razgs	peczn	15 — 39	kscgx	ekltz
qwgic	serit	2 $^{4}/_{3}$	shoyd	nufby	odure	oxwbp
twhda	cioth	ednof	yrudj	eacvl	0,409	ovxhi
ghqrn	skzdo	zbmof	04 — 93	twmaj	dwrnb	pcnpi
yufjc	iqegc	kbwmq	shpzl	xuelv	21 — 70	jxsgc

2.

vgrzy	epwfo	aznes	pwbmw	awrco	ezwnp	62/95
idvyu	hlxkj	utmlo	ilajo	vdpbn	132 — 2	cmwfv
kxsyg	ctmrk	lozxc	bvgzy	9.526	awfqr	nskzt
iwope	haejl	6/203	dtofq	sebke	nqvdb	riyxj
wfgxy	039,1	vgarw	chzsi	klfsw	ojdlu	vnyug
vhopx	dtwar	4 — 946	cezwn	pocil	cxuzx	vobaa
ymzns	qedqj	leaph	etosk	6 $^{5}/_{9}$	enbdf	prbwo
mytbx	mkjne	iwonu	sxgyi	fpovb	¼ 5	ejair
xiyuk	mxozr	9/173	pwtnl	uwacq	puevn	dmcgf
tbwxg	yxmjv	ckhfw	izilw	50,42	fsxcz	bzgtl

3.

ehikq	epaos	wohiy	47/19	duhyj	tdomr	koqsa
avxow	4 $^{9}/_{3}$	utqlx	frynd	zqegn	xqpyw	menca
pokbr	nwaup	yjrwl	osajw	2.603	dsioz	sepqa
yvfbo	lkbcz	ethbx	owihy	drkcd	fjhfw	0 — 925
xbzlb	hvwgt	0/378	xigmk	ocygu	vtxkz	yogxh
ylxcj	eyjqe	rgenm	cgqer	0 — 925	iguuw	kpojt
tybur	blaze	opsjw	15,93	dsahm	uthxs	nivwo
vwoia	nwmpa	wkzmc	lzpth	gcmyc	uxwen	3/146
hutwo	pkvmw	znwio	xsmtx	gfkxh	37,14	vozsl
sxjyr	324.5	dqenc	emgtx	qrfjv	zjlyi	ouhcb

V 107

4.

aprfl	gwdut	67,81	odpzq	sjwas	dnahz	ifemc
gynik	cqemv	urxka	$9\ {}^{2}/_{6}$	wlofj	exgzw	kthfu
qkwiz	gprdu	wtodq	ozsaw	bdjla	$5\ {}^{6}/_{4}$	miags
durmv	tzsbx	harpc	nqcet	jzliu	fyeo	384 — 2
yztlk	jgchv	yobmo	ubcxz	jydrm	93 — 53	venmy
wtrjy	uxklo	cihos	zngrm	$3\ {}^{5}/_{4}$	qdmtv	sutej
vybmq	bdwhf	uwoyl	74,90	nkpfe	wokix	woqzg
rfjwe	zgjxk	3,729	dbqdl	swmai	giafp	xbarx
urohc	$2\ {}^{6}/_{2}$	ybivn	yplmn	vykex	rjyzk	xywte
wgsaj	zkail	dsocm	416/3	dsocm	nigho	wutgs

5.

ohvlu	bcrdc	vinlj	pmnyk	xlwuq	vpymt	$7\ {}^{4}/_{7}$
xhuwn	uxkfw	ofize	jokeb	rzqga	36/13	pxtfo
xzwka	zhwye	jidlb	bokjg	lsgas	6 — 959	iwcjm
qvpym	rntqo	dwote	34/69	aqrxl	ruphb	ucdbs
faxft	iecoe	41/95	dnlcj	cazxd	wpnve	lrbuz
vknuw	fkorv	fiyio	wpymj	½ 7	awmvg	fanif
lufxt	mdcbc	sohzp	$2\ {}^{8}/_{9}$	kqwzg	dnhvo	cyskz
oklsn	fkvwt	4,683	xulqv	ghiro	kwvpy	mrwyo
rxlpr	dceao	bgmyj	ruqbc	73/15	phift	iebel
plqxy	rpswh	owigx	owvcr	bucht	itfyj	852 — 4

6.

tknrd	feaqn	ifsdh	ujbkg	6.014	dntvl	bspqy
upwlj	smeqd	artgv	57 — 33	wdzkv	mowxu	lvgra
lspfe	zxjwz	xqabf	xunex	3.078	aogvw	iobmx
jwzqa	$3\ {}^{2}/_{3}$	fbjds	knyhp	lxwsf	znyci	hmeaj
dwgdv	zkvom	ruote	zcseg	$9\ {}^{2}/_{5}$	toigx	orwbu
mytmn	rynif	0,467	gdaqf	jhupq	tgbkd	lvylp
yskqt	daqfh	bdcyb	lpvwf	whpmu	871 — 9	orntr
jahyf	cyycu	yalqv	5 %	kvolm	wfadr	dpuwr
exess	wksfy	chimh	ekjno	wnqlz	xizen	463/1
zpwqb	602 — 9	jsvoz	ompix	mpvoz	tcxis	xijlo

7.

esewk	nyhkw	jnaxe	sobxz	pjwqe	cugrb	$6\,^{4}/_{5}$
34/92	hzeno	qfyah	fvpok	qtdmr	hysad	iqhgf
vmfve	wbdcy	60.94	blpvw	rowur	jbfxa	jlntm
btlrx	aporc	dbyrl	vwjux	30/81	fjwcd	fwvyd
zygvp	qkofh	goczk	eznoa	vyaej	knlut	0 — 571
ahgfi	hcoqn	itkos	bxpwj	oeswg	3,579	euxwe
fxyjm	ipvow	zxtcl	ijtem	4/827	xeysh	kmwit
cyvpr	63.52	qobkm	hayze	msdou	hknoz	apyae
ytdrg	ioeza	47/63	dqfgi	cuhoq	zitkn	swbpw
uxpwc	vrwdl	byrje	47/63	ntbpa	ouxfj	tetet

8.

avofh	wkjzh	dtnux	tqojg	nmnxk	qtlxu	1.956
sequx	cvfmi	rldyj	btcvb	wlpod	$5\,^{6}/_{7}$	bgiwu
zhyht	xcmyh	zloba	iraqf	180.3	kucdq	qjyix
bnwok	amusg	$^{1}/_{4}$ 5	scwjm	qsuce	scjzx	cqude
wdynb	vfkgl	byhjz	jewhu	zlhoi	35/72	raqbs
cwxql	phzzt	$6\,^{7}/_{9}$	nqtdg	tiwoy	mvzyd	nutqg
rjydr	sznqe	dnjax	zwuax	oilxh	0.385	nktqy
vmuie	djdmn	mocea	ogmny	3/064	ispei	yhsmr
oshuj	tmkrq	23.83	kznyh	zcfhc	vdkjb	scwha
izlsf	fgvzc	iowbo	1 — 725	mzcok	rqxom	ajsco

9.

ozslf	yxwdh	oskix	lcezp	pswlw	0/285	ztfph
fdwef	ijdqu	oqpuw	ltkqr	485.7	gzucq	scuov
fbpvk	sqizr	rxcah	cfjyc	frdlv	exolb	1 %
kdrna	wlocf	whsvw	jligu	38/20	otnmt	kuwya
woyuw	rxyog	mgntx	twbxr	qlzhz	ixbxj	31 — 42
pivnw	phqiz	gdzog	$1\,^{7}/_{8}$	kutoz	wcikd	rglye
ylcpa	bndth	517 — 8	xjaox	gubce	jbwmu	vlkqf
opwzn	5,320	kfewo	szmig	wpktu	hidea	ghwxi
fbmix	hgsxn	opwds	20/93	ogkzx	hnrot	mqbfw
hcybi	vnlpq	icuah	lyulq	grvnb	85/45	zkpao

V 109

10.

urxok	yalwf	gtnxr	gtnmn	wmvjw	4.273	fpchg
udchf	ngsch	rqdbw	guoci	4,102	kutlj	ivqcf
aputa	woqze	lyrsm	$5\ ^{8}/_{3}$	lyrsm	hdmdq	oujki
pctij	cvzol	szase	myhkw	tzmyr	kloxb	732/9
dqmib	djgls	xpzfv	lqlwh	xmdth	bwgho	89/61
chbof	4.076	bcovz	jklun	focqf	qpnio	uyguq
4 – 317	reqzp	xajea	dowjs	geqse	wzmfs	ygfcs
idhcf	pnwdw	tgnrx	5,174	nifym	rwahj	cpzux
qsvmg	tzulw	szrrw	gorge	cgefs	7 – 493	zrqfp
ohzkq	txulw	vkvgl	hwpkd	qtmtk	yqorj	$6\ ^{4}/_{7}$

11.

yscgo	cynfh	azcep	860,9	cwepj	hbgik	dvuhl
znmos	eafso	fpobj	$^{3}/_{4}\ 9$	sowcp	emjmc	noose
watpf	kadpi	vuvgw	lzkwp	92/16	vukyh	mxych
gzerw	groet	uxvwc	fsobg	ndjxf	1/987	ioyja
nmkqt	xuriw	yjbxw	$4\ ^{1}/_{2}$	towrb	vlxlf	hwknt
tdjan	kumyi	250 – 1	mqnuy	jvzsg	zewqg	ofroe
izgww	vwulz	fphkd	bgwfp	891,6	muxcz	ptkag
peoym	znwfr	ylhxv	fxojc	obadl	dctwl	135 – 2
qxuco	zewod	ojwdc	tnkix	528,0	lrtqh	ynatj
kfbgz	ewbpt	qwcar	mrena	bocah	mnriv	58,75

12.

tgdni	wsuxf	heske	ajegf	2/746	hebjy	ehshs
zwrxi	bhwxe	hxpwk	$8\ ^{2}/_{9}$	zfcly	iehie	rwumo
qnymk	cpben	78/13	ocxrv	jvbjl	acmqj	mowdc
sheeh	qvvsf	adzpk	gxrcd	skulh	42 – 64	fpuvk
iudbq	hintl	9:726	tqdzr	jnvzy	tyghi	bpqaj
crizo	yiceo	1 – 652	dalch	lvzvw	eehhs	dftte
bqdab	09223	emcpy	cmyef	lgudt	iiste	kjjiu
$^{1}/_{2}\ 9$	jgywh	irict	mxevr	uhygt	gxatq	lpiiu
slzvm	kvqvp	lnmeh	896 – 7	yzvrw	pgdfu	hmije
aygcu	3 %	bfasr	ufxtl	uwnkp	kaxns	qdtxl

13.

5 $^1/_7$	vadpj	ptfbc	pfeci	wvpij	hhesi	esszu
sjiqw	yfgvr	271,4	mpqkc	wxhun	eishs	nuepj
8/126	lxich	lyagf	dxvnc	isihe	divkx	meefs
pijam	½ 8	rxsbh	seehi	prdfx	leazr	dvowa
upjnr	lzcdv	736 – 4	wptjj	sheih	oinxg	nihyw
yoprq	7 %	nbmjv	eihss	aheic	azkde	lhkag
cebhx	47–56	yatkq	ziknr	hhesi	rjseh	lfjxs
ipcxs	qfbpd	3:376	yfhzg	hiesi	yvaux	lquik
yokcp	hwtnd	ctqkp	dugvf	5 $^2/_3$	lmnpb	oyxkr
wsmqi	stewq	mbxjy	28156	dslgu	delcf	fghsx

14.

4 $^3/_8$	cfsew	bxhvg	qxpyr	ehsih	nizgc	cxjxb
uacjp	$^1/_4$ 4	tlshp	ssihe	tqcdv	sgfaw	qgscf
yoxgl	mrhbv	9/538	sihis	znccy	ozeal	oqtgx
7/569	gxslt	cbvyu	zvjhk	eiese	doqjx	nqpee
4 $^7/_8$	nwizj	jsvrz	ixqou	hiehh	abtcx	lsfov
ozesi	47 – 36	jnoqr	xicbw	gjumm	sehii	jfsau
xgtad	6:593	vdgyp	mhcfi	hshee	spdlz	znhqv
cwxqu	94281	subwl	siesi	bjkni	yasvl	qicrb
fkupe	gmobx	93586	fmstx	bqoww	eeksi	ypbza
wtrxz	prrye	fflyn	cpuqm	47,19	ivgqc	xoyge

15.

ylibv	5/218	wowpc	rlevm	ixfao	siehs	xabpj
tqqdn	umkze	hqrub	732 – 5	volti	wuasb	hesee
sfjes	40146	vxfml	ihish	wnydm	fhxwk	cuuck
icbvt	03 – 84	hieis	fkxem	zqgkc	eqxbj	hmvag
filhk	1,075	icadq	ehhsi	yudsg	fbiuo	bfppe
bcisj	64986	jtipe	njycb	siehs	navrw	yussl
cpmrf	30605	hrgwl	fqcvk	hiehi	dvntw	gshxj
$^1/_4$ 8	wxhcp	xbmtp	mygfp	lnqox	cssis	tvpkc
zleih	wavsc	41082	nbzat	tlsur	mfwgt	artol
tjzdl	qjgky	hyqzr	5 ⅓	zjhwi	dyutv	cxwrj

V 111

16.

nocnt	923:6	qnfpv	yxbqp	egndk	ihvsc	sisee
9 $^{4}/_{6}$	xtzpg	cwngs	vyseh	zbvjy	uuxbp	qdvgp
axryd	1 $\%$	opjyu	sheis	klvgs	anbsl	jrcnx
ydmkb	wzcxq	5 $^{6}/_{7}$	lrgwf	tonup	bwvkp	ptsbe
ldimh	uilav	mqjfa	98/12	ehvzg	sieih	gwchz
vvnxd	zhyjr	uwrsi	aqicx	8 – 615	fxobk	xvnjf
mhkdu	qltim	hgwjk	rapuz	eehse	9/273	olxpf
eysht	djszq	tbtyq	sheis	lseyq	raxen	493 – 2
jzusy	iheih	qyhca	mrlwh	qbfpa	cakvm	31/65
qxlgo	volrs	mgfzx	zfyav	zgxel	7/336	yhwua

17.

nrlun	felss	bltyd	spwym	newjl	fkrex	17652
ykgri	pplic	6.787	anjfu	akdih	hvaqe	riggs
vksyn	blxyn	asgro	hfnyk	33126	wdsip	taqfd
likhn	xikjh	$^{3}/_{4}$ 9	ibdfu	fkyzy	wbtyn	vcqen
atfxu	vgfak	31920	xpbef	atyxw	temyr	umzre
edvif	cdvur	unyzo	elzga	43,57	zwfyl	incvo
ifzce	nbqyh	zaswr	dhxma	27788	aahpe	mbhep
ypurv	abyde	stmyz	gcike	gabrp	hsber	504,8
tlsiv	sphuf	gfale	chvyd	wufck	dhhon	5 $^{8}/_{9}$
lesjl	iqkpu	ldjeb	ecvmu	23:57	tzbej	irylb

18.

x

quxpe	72:82	etxkq	vibyq	ajygq	seehe	wazvp
brmqi	leyjv	rbfzl	3/647	jevyl	udmgj	tjngb
pvzam	rfjoh	$^{1}/_{4}$ 6	iisei	szned	wekcs	edhan
zmalf	chewn	mcaux	ptyzv	kxqsd	41–79	pcdkz
xmfal	xvajd	pymlw	4–182	zdjph	heehe	trxsv
gmbjd	scnkt	qneoc	bedqv	63905	ablir	lydfw
ylhvw	svveh	6/923	mgecq	vqizx	flwhm	pnxzm
zxsgz	uwabi	xkpqg	fskzw	forbp	5 $^{2}/_{3}$	pnupy
kausx	7,421	lebbr	wovcu	vwqeh	yxvqi	rpxmv
hsieh	uwhfb	iqrjf	842–7	rocqp	lngpe	yisuh

19.

ihgjy	$^1/_4$ 5	fecla	adpwu	seesh	oxyqm	rrcwe
17:46	mirxs	lcvsy	kambv	bltgw	iesie	bbqie
egabx	626—3	atzcw	wlunf	eihes	nhinu	ippvr
yjdvr	vmhfz	29/53	xmolv	xmbpo	fqpek	heshl
ewwrq	7 %	bromx	pudic	yxolv	hsihi	dpvob
tzvih	qfipd	63421	nxpud	ssehe	brkfm	acuuk
fygda	1 $^2/_6$	okwjx	asbij	euqol	shiei	veets
8,791	qewls	zjbkz	hehsi	uyhak	axrhl	atuun
rjeca	5/742	kmtnp	bcesx	schug	sieih	tknas
uzjcz	zycsl	7 $^6/_9$	mvhxa	isheh	rqyit	iggfl

20.

hzwjl	5—381	cpztb	glkos	hlsie	hypkx	ckhwh
cxpjt	50315	lafxj	eihse	qycdj	lecpr	fvuwe
egvcn	gxoyb	9 $^4/_2$	dgkyb	gxklf	hishe	lkuhd
4/968	piexy	jdlyo	auhhk	eihse	umolc	xnqnp
himea	9/762	nxphq	mcdra	shihs	gzkpt	gwzss
tswfe	cfwql	471/4	idaxr	eiseh	liucy	onjdr
mxvne	29465	wvufc	jnlyx	zhmzt	ssieh	tlzta
$^1/_4$ 9	chjpy	ersyv	hihes	qrvjk	ecmux	annhf
qturi	ybhxe	onplg	5 $^4/_9$	ipxyq	heeth	gjjth
bxvij	vcydx	½7	cvwmq	bbvub	qsfky	pbdmq

21.

lmjic	qbeag	ubste	6,219	isehi	kvejz	phxln
lfijn	fuxjr	johmx	pavxx	2 $^7/_4$	sgyeg	isehh
lvywc	hekow	kzwyt	9 $^4/_3$	awyrc	gvamt	wmpqy
nbdza	ijfaz	hiehs	yshdc	63/94	wcuhi	yedng
dvrnb	vkcsc	ofylc	8—927	qplcy	atpyq	zrvem
meisr	ehisi	egiph	fuxba	8/635	scqzb	zghvf
nmvdh	ufzic	ertro	837—4	pbaxq	jpqmx	woulc
sevir	jlhvd	qrnvm	qrnvm	8 %	wrupm	qaach
hbtzo	opgex	fdvot	djmvc	wueqx	¾ 7	xhmvl
shybv	kmlby	469—8	uxjqd	ihmdq	riwlc	kgnfy

V 113

22.

imjcq	iheie	$2\,^{3}/_{6}$	kbczu	hlont	qhpfv	suwne
xhceo	fbqge	rcgrd	21890	shihs	ofyle	ezwpv
qwxvg	sbnve	469/6	vqxrp	lbgqn	iikhv	eeshi
puldr	lntol	lmfvs	yiwqa	bslex	0 %	exbvi
edfyc	wujsy	yhbbt	20852	upgcv	dwgcc	hhsei
cmfbe	hqotg	snjbr	zmrht	sfjup	$3\,^{1}/_{5}$	itlzw
uydnc	btnxk	87/84	cxbdq	hwivs	xbdsv	mvjpy
fxqus	epcan	gajyb	mgngf	$^{3}/_{4}$ 5	upxcn	cswjv
nabur	03 – 64	wzvjc	jqdrl	ipeyb	tjmxq	amyds
txkai	08,25	xgdmi	mfpya	pcayr	rldcn	zwryu

23.

jvofz	dwyqx	plovq	rvacd	$^{3}/_{4}$ 6	heqrc	ziyji
wgixw	fxsbl	39572	hryma	zegbh	xkdns	xauhj
iuadx	vwxmf	zzfhl	64/91	gtxfj	ikqlh	zzfhl
nxlkf	2 – 983	ebnuc	rchhd	qslic	xwqbf	qappd
ivwvp	sd!ne	bzyrk	wcjvs	32463	ihdnq	ihseh
qzwuv	sbomh	24 : 91	sehis	ygqey	uryjl	nyacs
encdy	uofbh	vnbqu	30782	cxlqx	gpmix	hisei
jwuat	$9\,^{5}/_{1}$	hsvpb	hsees	xsdmx	kcpdo	wztnr
isheh	kdvbq	oxvmz	614 – 6	wdxaw	grmah	xjlvl
528,1	eqgrp	ieihs	svbiz	cskyi	tngue	qbdny

24.

kfbej	idcnp	myvep	fdxbl	62162	mxtge	evqmu
pxqlt	bwycz	0 %	uglsz	llbgz	paxun	ihiee
awtdc	irnuz	hclxv	haktv	25294	ihess	duikr
rynfv	ehsie	534/7	gcupj	xkugr	lkzsj	eyawq
jyosl	36/28	icfyh	pduvs	ishes	xokhy	ftyhs
bxpdk	vyizn	gmlhs	94236	tsgvs	hrbxk	isise
uzvgj	0 %	eipeq	gmoiz	jrbwl	lcpyb	fbmwx
fbyaw	iiehs	devbc	96 – 71	jyots	zgbdz	jevkl
$8\,^{6}/_{9}$	zbuwj	jqozw	vmhvb	xtyew	rqynx	cylbt
yjydz	nkdet	daftq	sihhe	vdnhp	02845	iwczq

25.

cgylq	hnzsr	bjsic	hihei	nsjev	enlbc	2 %
yqzpe	xkcbf	kmazt	tkjhx	gkhsw	jyqpm	92/75
pgixo	zvqxc	jkfya	hifdj	yubxq	679:8	wnhie
wirvp	goxmq	zaxdv	oqayn	271 – 8	gdfmr	ihies
iunyo	rhpfv	cjgwh	8 4/3	wgsjz	igjyb	bfkwc
vxqlk	twcps	59 – 28	hbqmd	ahwku	usgvp	eshts
mufax	731/6	jrtoz	olxbu	zqsgx	ieesh	njetx
7/354	tlaqc	hlynd	ketxl	mzecr	liyce	bypqt
mavvz	64,03	qtzmw	qtzmw	tgzxu	tguul	hjcxo
8/624	jbzdo	ssieh	ypoxa	ypehn	sieeh	ytlsj

26.

ecdxr	5,864	nwshj	grucl	ypucx	esseh	ugeym
6:728	wdcey	rtidw	kiehs	isiei	lqpxg	pycwi
zpweo	wfoqg	3 – 159	ehsih	uhikv	hbxmy	peehs
8 3/4	ltsnz	nbljm	bexti	shise	axrof	saajf
nrfmq	569,7	sklxj	kzetv	iheih	pxcay	nlhrr
xtqhd	8 – 643	kwhly	leqyh	sghlj	hises	rvmqh
jbauz	veoly	1/4 5	vjksu	eijhs	wvgcz	fcnbq
37 – 35	fdcgo	wmisl	ihisi	crvmh	dxach	uapzn
qhohe	bqjvx	ubqev	05728	icpxy	fqixg	okfft
gzbtg	upzfa	637/2	ezcwp	nztyz	ksqph	miflr

27.

cdixq	4/945	vpadl	ehesi	gahsm	ugekj	cldre
36 – 25	dzpeu	xnyvq	ynqtc	hseei	vhfxp	xzuxh
bloex	9 1/6	erotl	edhyr	uzpyi	aldbr	ovhzb
51 – 84	wfcrj	zgowk	utipq	aldbr	sihhi	ovhzb
yarcx	3/5 5	ycmxa	seihi	wsqtw	jluvi	pqvnr
826/4	cuqew	bkwxl	gvsfi	heeis	xfrzw	ccajq
gqkgg	27439	axpzk	uymva	tbsdc	heiss	rftxw
7 6/9	vlmse	cjfga	fzqnd	iehih	avtuj	qcivc
sbelw	hvtwo	fbjdv	zbbcn	93680	gqrpx	cruop
nymlb	fcchd	4 1/8	svlwi	siite	bmzfl	ymcin

V 115

28.

ghjkl	¾ 5	dihhk	wapof	cdxfv	sreed	swzaq
ertyu	98/37	ilfde	eisuf	gbhnm	ytgqh	mkolp
xoeap	lqepo	0 %	mxknd	dycgw	eisse	wsazx
thfde	2 $^{9}/_{7}$	mofeb	pueoi	pubrl	wubvg	cderf
yimrh	lexhs	bykbu	38/27	kfewc	iohfl	egplw
tsrzm	9:756	abvjf	kxgtp	qbdhq	sieeh	hlnni
kdwfg	specb	ikrhu	hshih	llgfo	vpgvl	4–682
hllwx	ualhr	8,917	kvdyw	vaneg	hssih	ydkmx
8/619	hjkac	xkjay	ewxam	seeis	whwtj	tyhnm
qyhcm	uritd	3 $^{6}/_{7}$	zcbqe	ieseh	xqivb	lkiop

29.

derxw	evbqi	bipvr	hyjqr	acukr	qibwr	0 %
ldrak	amqci	tejfm	xrzec	qisyt	6 ½	sajsw
vamts	welhz	ulzre	hizbn	vseda	kepwf	62977
zijjg	harrd	pitcx	behdk	¼ 2	kxmef	atuny
blwax	kilpc	235,8	fqypu	kixgm	buhzl	hywel
otghu	daprv	89/93	uphmo	lecjv	pbvez	cuvcz
egibs	geftr	ckweb	dizlf	71709	hgvih	dhnot
ryhdr	firfz	nvqek	wkolu	npdih	kqgax	6,825
nxris	fufyp	49608	wotrn	iwuks	linjg	kwedo
urzhi	rebew	48,71	ktcit	emegv	lxyte	afetp

30.

nktax	lfegi	0 %	ehurd	xfhak	fyyne	beszf
tebhx	efizb	ipydb	rehaf	ubekw	wocxl	7 $^{4}/_{5}$
uttfr	gciin	gydub	relzd	80772	oltku	tesvn
28461	ijelc	pdgaf	ivyhw	qvmyw	enivr	wstac
kidzp	gebdn	123,7	imupt	pvmyw	cijpb	xisqr
rxkir	yjefa	unrxi	legsp	¾ 3	dexkz	obihi
rfxul	drves	65601	zppus	niffq	phtum	uzjse
enste	ntciw	zipyf	nlkep	4–759	apfcw	sgbev
fezwy	19753	uevsr	eiyuh	xfijl	veixz	trpii
18,93	hxicv	wjury	jhubi	xdeqi	tedyd	atted

31.

bquiv	3/515	pyint	guyca	iehhe	bulqe	qrdvz
719—5	ardyi	nvxtq	bsitm	sihhe	tyjfk	henpk
mphei	0 %	phjam	oyuzv	ockjx	eihhi	lvypi
bpkwx	chkcn	68—32	lnnpz	eeiss	ezwpl	gwqew
4,617	invhx	wxdtq	mqkir	hiese	naglu	omexg
mnkxb	18:74	qibce	idwsk	qzwgc	ehhis	spxde
mdicv	24889	wslrb	uwtno	ihehe	xgluz	egjsc
bxavd	elskz	6—174	sclmh	aqlpj	ihsii	ctqpp
wrmpt	abxhp	rmdkj	uxciv	acqmr	40326	hieis
rfjyw	ovjdw	$7\,^2/_5$	eetti	evhhz	kwequ	btxyn

32.

clhyp	fpseh	311/9	ghpuk	cetjw	itfqo	ymatg
quulh	hutzj	kehfn	bgved	qimmb	mebct	742—1
gilmg	rhdez	cbggo	tilds	89027	siheh	zggiu
alufd	bflek	3—253	ehise	amblo	riylq	kxdex
fbwey	duzyq	milxb	qyygr	tbvig	wuxeh	65342
pzyas	midur	seqvp	cwnih	3.268	sxcij	ztgus
wxlet	gyyog	36537	hssih	oqtgi	vqhyg	rcobe
uqchu	binwh	qrgki	zajrp	hlsik	fihqp	35—37
kkrne	sqqcn	zmyy	olsef	txyqd	46983	gmxtc
183,2	wtzag	hpnhw	tvlxt	wnenw	cwwgy	trqvk

33.

atiec	73402	rytej	dvjwm	dvvqn	zdyph	bchfj
hixns	ecksl	nfgrz	94:21	pceux	rqkkv	ghopw
lbpcj	47937	vnbld	ylmck	pnahu	isyez	eishs
gycan	wrzsj	qmzui	ehshi	wtbox	57—18	ydrvx
ovadh	mgbnf	ehehi	xfaex	gjquf	litqu	26958
sqacd	avzfy	42,45	xfbed	dxagt	etlmu	gajrs
eqvlx	gxnzf	jhpib	56914	shdns	cembi	fpoju
ckbvl	163,4	twxqc	qfbhw	pisge	psmlo	zepcr
wkazy	gebsb	5,785	ponhu	kjxva	ehsis	hysrl
qvwsc	4/298	zldty	hiies	bjgmv	vqtfk	qwfzv

34.

aqixe	$8\,^{7}/_{9}$	vkjeg	npyrf	txjsg	pigkj	pcizc
rfedy	sljri	soqus	yxrda	neslq	$8\,^{4}/_{5}$	yfbzp
hncfv	aofcu	$\frac{1}{4}$ 5	shhei	drwpr	gjpnx	qpgvm
ysngm	xqlta	ahmci	sehsh	xneac	3/951	nsrfh
yhwkn	qjfgb	$6\,^{1}/_{8}$	quwvk	eiihe	jfvqx	ruiip
iyytr	39 – 74	uhgbb	ygbhf	xcvfg	hiies	jhgyt
kjdpo	0,776	polmn	nbvnj	bnhtk	ihhij	kuuij
mctvh	7,295	lugsm	hupsd	nfhsd	gbxon	jqzil
25317	yjkfr	odpqd	oudlm	xqbcm	ihhei	knwxk
mbkaq	uwjhp	ysqlp	vdmqh	zrcuh	lwern	875 – 4

35.

cxhdf	8 %	xeyqd	jmdhn	xrvbe	bcgkz	gpyvj
qpxin	gjakc	ssihe	xvawk	flxmb	yvhji	43/19
objfs	qzrpo	241 : 3	tlsac	gorbl	xkner	saxus
ndpbf	qrhyt	pxulk	eiewe	eiewe	eqmvs	$\frac{1}{2}$ 8
ldomy	sdfcn	fxziw	$8\,^{2}/_{7}$	ovtwi	vqxlc	uzbvw
jshyq	fkbih	sehii	askjl	86,54	uricm	vitdz
zvpyx	nsgvb	hmkqw	qypmc	vlpyj	9 – 253	hshee
avdrl	iwtys	clued	bizfh	ozqtw	rndvg	243/6
$4\,^{5}/_{9}$	uafcq	lsfyd	ymrdx	ehsih	ctedz	ipqle
djmzh	4/381	ipceq	boqla	kaxwq	nough	ypxdm

36.

udhxb	gauzk	esseh	4 – 378	ytfnw	myqca	bfjym
pqbmi	yzrbq	okeiz	wepdm	4/738	isiei	rusgf
ehsih	pslpx	eshzy	awpnj	jemzy	3,485	fjvaw
hrclt	$4\,^{6}/_{7}$	spztd	kbrfp	skvaw	vgfys	qogxn
nxhlt	lciqv	hdcxk	rozql	$8\,^{1}/_{6}$	uidvn	cyqjh
rldno	vkczj	mwhun	73 : 64	qmwaj	hises	adgcu
fqayz	cirfj	nbhju	bhksr	386 – 4	qcegq	cvjml
ubdpd	acysn	pcvtm	6 %	zftgv	nbdvu	xbrno
oignk	xdbjf	xinbt	121/6	vozyr	oqadb	xkgfn
nrewl	hucrz	hqmdv	plqsy	phjwu	$^{4}/_{4}$ 7	qakbm

37.

48720	rezsf	edytr	cjnas	qfyva	zawfn	jifgt
mqnuk	sibtl	pijlm	wepsu	927,8	idhbe	jmavu
edytr	lylwf	98532	qanqz	rrniv	tkcin	myxlt
xcpet	opecy	sxoki	agbti	$7\,^3/_8$	dmpiw	bqgik
hrrif	adzku	abhip	ezvte	legwz	$^3/_4$ 5	uwpry
vygit	qczut	wxfes	nicyf	dyzsg	iqtge	0 %
45942	jetik	yvyfa	gimzx	izbko	gykvw	manch
bemfn	cgxub	qenxw	bdfeh	35 — 86	wekxx	sichw
htyso	tekjv	fynfx	efypg	ussyc	193 — 2	kytzl
itksi	ximls	83/65	ukhvl	biced	cydbk	ruzcg

38.

ytxgn	7 %	zmila	isehe	hdsdk	lzbxk	ffxuz
25:17	epdan	wnhxq	onime	ssheh	hqnmt	qmmvy
gkeno	52481	fkmcz	eishi	nqbcy	bvujo	lzqsg
rhgfx	$6\,^4/_8$	yzvjx	ehees	oifhs	utiea	hzpxx
18637	clzqa	nguas	vhstj	cekat	shsih	kpmcz
rztkx	edkjb	4,983	wyjwr	iesii	bozqg	wsirp
6 — 925	wcnis	odlyv	bkmxv	nafzv	heish	ujrbl
odpcn	0 %	elbjr	nytqe	ehses	veujs	saviq
48657	dcvfr	ryggm	ggryu	juiop	bgtfr	fgbgb
10928	gbnhu	nhjii	derfn	fbbgh	xswsw	gynnh

39.

subpz	ykksb	ehyrz	cunbv	bitww	ilyvx	43254
ivxne	hddru	emcgu	sevdd	8 — 723	amdyy	piqzs
fisfb	uwgry	24974	nfjen	rgvic	fypiz	eebpa
hsied	khyoi	okyrj	hapcc	zivdp	0,723	yphzi
kuqlc	ryhpr	jyskv	aflla	06785	deevs	glyri
rqrux	qwonr	08 — 69	wptim	bekle	khzaq	gjcoh
vtbil	fukvt	ccrku	ruwsd	54672	amkdy	jlmys
mabyw	pacxg	ftxag	viine	815/6	pvkel	qazpp
xmeww	kuzzn	xnuww	rihxp	gubrn	tadsq	38/13
nbkam	encci	$4\,^3/_1$	sykes	lyjxx	miftb	varvk

40.

pxrnm	53141	dhepk	ngbyw	utxqv	ehsie	ipgeq
8/326	urcen	fisdz	vszta	hieih	jtegx	segvz
objkx	8 $^{1}/_{7}$	eskgw	shiih	alijf	fouel	jvbdn
5 %	ylqbe	geqxs	pyvtd	uncax	hesih	zyukl
jtboy	hesfm	89056	hgodm	esess	kizgx	hjilx
gbaxo	4,834	vsdzr	qnxbq	ieshi	rjenc	ojrpx
tlrxe	276/4	ifamp	eeihs	dawfh	habde	lsysh
2 %	zicyz	zwldp	wgecx	ctmwg	eihsi	xkeid
kwmur	kanfq	rvsen	pchid	qyxep	uulym	¾ 9
jiazg	wxbac	abbhq	escfm	258 — 2	vcxhd	kotmh

41.

nlhco	gscuk	ishie	zubni	bcfwd	5 %	vztnk
watrl	ftzys	qnpxy	vzjos	675 — 6	qtgqh	shiee
dtvof	qvxlj	bzeyr	24/6	ilqhp	dfwcx	vjpnr
xygrh	pcfzj	zrcgi	34730	ugtvl	pyfix	ssese
alvrh	pwnye	qjrps	6 — 492	xwdqf	tqgam	gjwvy
ypouj	ucolv	ofvxb	pgsed	7,412	wogan	hiihs
rpcds	gwbke	9/573	qljft	kbxyv	pbzsz	elouz
wypmi	36:94	kljzp	xpctg	eishe	pehxq	kvcjr
akhyx	fsrag	fulic	7/145	imwhz	yezds	dwfch
vrmeq	nqcad	movxd	7 $^{2}/_{9}$	cvnlt	epqiy	uhbjz

42.

cymxv	2 %	kfviy	hisie	wtsin	hmpfa	pacus
fjsgc	blatp	undwk	wgqfh	826 — 9	eihsa	gkylb
lovmd	kjjuy	57:48	uvvtb	hishe	djhuq	vkduj
xgszk	ntrkv	qygto	nfxri	pqart	64/89	fkmyl
gufyo	wbiqy	zvmsy	zyqzw	5,629	shihs	kvvgc
vckqa	nwhis	jydwa	dbtzh	rnsug	wfsmz	7 $^{3}/_{5}$
tquhy	loyvm	ztbsp	teqxm	azefj	47 — 51	emxql
akdra	uvcrj	hihes	fezhj	¾ 8	nwfvl	ihdvm
vtmeb	cysxl	2 $^{9}/_{6}$	iluhp	qrtnu	iadjh	ilczo
chmce	74602	wvszx	zjace	bzrkt	gxnfj	lvcpr

43.

gymcv	bfasr	kpiow	vujme	37092	hwseu	fldqt
sishi	boofd	5,158	hvbsq	htiyk	owhan	nzdgb
zlsja	sheie	juwog	uxesn	jqgax	cxrfx	375/1
dkcdu	abbzr	$7\ {}^{3}/_{4}$	kjaps	opgzq	ihhes	wsxxd
gjntx	lmfrq	wifcs	$8\ {}^{4}/_{2}$	bxhfj	shhie	cfrrg
uggtr	mnnjy	7 — 659	rhhtl	iiyew	hhiie	nkklj
wpucy	9 — 546	gbqhu	ehhiu	azpai	zdorv	devtx
iseeg	qbcja	fsnce	zgalc	7/548	asrhh	sujge
vawpm	elikg	$4\ {}^{1}/_{8}$	ltsjw	hiiyt	neijv	oxxet
zewny	92/81	xbxsq	tfcru	hqrzw	ueoiu	sbgpr

44.

63785	rdhmm	fhiab	zzsxi	nrxcz	cgehz	qlulz
10923	hccqx	bccym	pwtct	cgaeh	ioxcc	hllnv
werpy	dlsqk	bfcpm	vmrbx	6 — 937	kwhff	mluke
ifnly	ehssl	xirol	723/6	fqwhk	hixww	hzqyr
grvyq	72/67	xaydq	edrtf	whfxi	cuxan	jksau
jkdcn	3,652	fwwvf	gtcba	uiytr	ojmer	znhqv
sgtqz	865/4	uhhgt	webqo	kmldc	umotf	qierb
ehbap	0 %	kiilo	kislp	debxm	qpwoi	fgfee
wbynx	hiirs	cklqi	$5\ {}^{4}/_{7}$	ltkdb	ifyqz	wspxg
yqdhf	exjbc	24/98	yudjh	xenjo	heenn	ayvui

45.

19:59	jgybz	hkfms	hktrd	ppvqa	qyadt	qtday
427/5	eqozd	heifz	hohid	bcuyk	leipu	ueisj
0 %	ozuoa	falln	kmaaj	tnqfj	uafxh	yaamc
lumes	2 — 945	fjztm	mzyfl	bpvdi	jmesg	bbnkr
pvitw	npyiq	tpehq	mqfbe	avjum	abxdz	912 — 8
vcxmd	ishhe	dhjxk	wjuzg	xqcfz	49765	ptodn
tlisb	neorb	qruhn	fpclk	87 — 91	jcbmo	zbpwj
hsihi	znecy	xsydc	834/9	amcps	qllcx	qguro
nchbv	ihgsw	$5\ {}^{7}/_{4}$	envvw	zkklj	afghz	vkyqp
bvydj	05938	aetyp	lttsa	fvtaw	xmciz	fnkhw

46.

xgvun	tubhz	dbill	afczu	vxten	vxtev	7/537
ldzyg	merfm	uxybf	dokzl	96 — 83	biwpv	ajwki
puwbl	ejyyc	5 $^{3}/_{5}$	xwrud	txnyp	xtluq	yfety
cygim	rzqol	293/6	tryhc	pvdet	tsbal	phuti
kowwh	fxseq	xsmuk	ensdi	532 — 8	hezqf	srpuz
irtje	rvmiq	wqven	rrgev	pefls	igelp	2$^{7}/_{6}$
gyohq	47/81	qorxs	lqmzf	thdfi	kzvfl	enbjg
hishs	tupmf	elvhc	bicam	42586	hgpsq	hwmft
clmnf	vhxwj	$^{1}/_{3}$ 8	xzydg	sopuh	kxtcu	nubfa
yjtbs	zyetb	ihsie	528/7	avvli	kcgpr	zaxfm

47.

hehss	9 %	ivgoj	qupvz	wpjcf	slpdf	wdlth
hcprz	ehesi	kheuw	69 — 21	qxhmk	cjefx	kscyk
czdso	2 $^{3}/_{7}$	pmezu	ypklw	yrghx	kqhnx	rrdhe
fgxqo	eypfv	vmezu	fcvkt	79863	bnoss	ahfxx
fhxsc	zpcwm	5/342	yvski	qdrcy	eeiis	ennyf
613 — 7	upvog	xiyqv	tmnht	ihhie	nwory	fsseb
edcrf	87 — 39	ploki	nhmyj	hggut	nytgv	wbhir
24/57	vtgby	mjnhi	tfdes	diuuh	dders	oppie
pxvij	ldpxo	pthqd	8,127	vecrk	iygfj	ksytt
guxcf	ynfsl	xlans	exuza	3 — 482	hiilh	pozeb

48.

prwil	73/13	vhjui	duiei	xawmy	qatvb	beset
bgkhg	8 $^{9}/_{1}$	zgshu	phudb	uyier	anogw	ixpee
237 — 8	vyena	dabdq	uyhgt	ymppn	lbsxo	ieaxm
65 — 89	cpkhh	kvvil	frecv	affsl	rtjjr	ncwwt
jrxmy	sshie	wteqx	mndpq	ejdvh	jzglc	70167
utqds	xpuki	ywogn	95 — 25	dgtwa	qeoxl	wbdaq
ihhes	ksoqy	xzact	avjts	dnkeb	523/5	upbsq
losjg	shsie	hvdeu	yqzxc	9$^{2}/_{5}$	upbsq	uhuxo
whkiq	62784	zkmal	ivpkl	ifwnl	abyjh	zhrwn
bwekx	infhk	9 $^{4}/_{8}$	hfkmw	gsoqy	sehjo	ctwjf

49.

10791	zmckz	xgfys	zkwhf	lecpc	mgxfs	cvame
mhqke	eshsi	425 — 8	xzfpl	nqjgb	cyjwc	oryli
tndhp	tuavj	zjacf	149,4	cjftb	syqwv	ufqzv
bxqya	$\frac{1}{4}$ 8	ruzkz	cwfrc	eiihe	qhctz	sftph
udewx	qapnz	hesei	60472	phuea	rntys	gxwli
siees	gjwyn	9 — 363	tjync	lxovn	grfoq	fogrc
hfcuw	28542	pcjjr	ulrta	ehess	wxjlh	crtqx
zlktv	ijbcf	ihish	bkndq	7 $^{3}/_{6}$	wihhl	lzhfi
igtei	7,486	mujhu	fqqyk	lpwdu	qzepn	sckyr
yvgfw	ktecj	2/198	asopy	wvanl	nscuh	fjgvc

50.

qhghf	hvzkr	mpvtb	wvanl	24 — 58	nqgxo	atkht
rzpkx	71,23	fevnf	vwals	zsczu	qyvbe	ixhqt
ybclq	prhqv	58,43	lkyrh	xynow	nvdap	otife
alwje	wrjxt	xbuck	024 — 3	magjk	qlfcz	vefzk
pctje	239,5	tgorn	ulxba	picuz	wyshc	qwhxj
mxzdg	lcabu	7 — 243	dlphx	jdwme	ayfin	qfbcn
bsnav	3 $^{5}/_{9}$	gdswc	izvpy	caenx	caeny	qfbcn
bsnav	hvcqe	fjqom	iehse	$\frac{3}{4}$ 5	rpwrd	fotwh
kxaqo	$\frac{1}{4}$ 9	clfyv	dvrjn	dvfrm	mdnyp	drhxe
esgcb	pvicm	19218	hlevj	hlevj	wofyg	vfizp

51.

lwqnc	hihsi	vxohc	35/72	beqgf	wyofg	hysqi
jgfvk	jnzhq	jgqtw	istdp	isdtt	lvbxf	7 — 869
yzndq	kdvht	szgyl	kqaum	kylpr	08962	pujtw
sehhi	knzow	irakx	isehe	qbomw	thryj	3 $^{1}/_{5}$
ehhls	clyfh	cervb	nlksg	35172	adkrw	tdphz
zjocw	0 %	yfixd	heema	dqdxa	axgfm	yswne
pucmz	vhsez	qbrvt	npvbi	zitre	8/265	nhpmh
utiwr	28/53	xlles	lfgom	ikply	uyoie	dufjs
29873	nunlz	ninlz	iqzmi	fhsog	jsudf	rrqld
438/5	mhbvq	lnhmb	xyfdp	nlzmi	vuyin	vulci

52.

seeln	fpvho	53/64	caexy	hvpzq	bnurz	dhqbl
wcgfk	isguk	bfecd	6,397	nawcf	fmclo	gweui
qraky	7:951	bethd	qtmch	vjpym	ibezw	thkml
8 — 917	ohimy	zkfpo	agpru	iurej	ceosl	wpfzb
lkkdf	8 $^4/_3$	zbncl	hxktt	wiblh	hpmvx	icfgi
oiyul	284,7	hxktg	pzjhy	uejji	gvkib	jcppe
qcswv	648 — 3	jrfkm	whqfy	heiie	lzask	jhmnb
vexal	82573	ieshh	eorud	twvch	axlpx	hiiuy
uixso	onubv	tkzdo	84793	iqfpy	ishse	fgvxc
gfsbq	pntgv	16 — 37	jyarh	jisee	yqlbc	dfttr

53.

762/5	hekwi	wdhmx	jpwkc	oilzm	euoiu	dxzse
jlxju	4/982	qathr	ikhgv	ikhee	vqzas	saawq
wcmir	mardl	uxwke	vxnul	812/3	gqela	pufrl
fgyve	cgtux	ujypu	dywzd	917 — 8	mtqir	owvke
mhpik	dogjm	odbfi	jebcf	wpicu	adtax	13697
klyvu	lcifa	rycdl	xftic	2 — 953	hapzc	kysyk
etndi	vygps	cebgf	hfebe	9 $^3/_1$	faydw	bikig
gkure	lrxip	ijhve	wkmys	cwuni	rimyr	14:84
neopr	zpxds	bmihi	bnjjm	kamih	suyye	384/6
yxqme	ivmhk	uulpg	673 — 8	araed	ebinl	sacbu

54.

87234	kprle	vnikd	pjddf	ziikw	lebug	uffbi
lgice	tpate	vuplc	engkp	zgenq	gavhu	44/29
prneb	ilsge	5 $^6/_7$	gavbj	mekfi	lfndg	tfngi
ptgem	fevqg	kgcid	zhted	$1^4/_7$	vbbiv	hugeb
nlyta	69/32	khtxy	ebtro	wyhgv	vafzl	jkusf
yhopj	snjxb	tequk	nbmli	74/68	wyvze	tdbil
72816	buyne	njgih	pqfoy	ijjsl	qctya	lvypi
fxpqz	xudma	½ 4	zmpns	fxvry	lioet	eojoy
93437	wgpke	ojjvy	uvizm	tzwxb	nmpvb	tqppz
ctqpp	2 $^4/_6$	qzhbv	qmpza	wslqf	eghdu	scztw

55.

ixuzs	65/34	swaab	ldfxt	isawg	ihise	frumi
0 %	ladiy	kihuv	llxpc	tefkt	onktu	axbgi
fidxb	wybim	ulqto	nwkix	dezuc	ivkze	$6\ {}^{7}/_{2}$
zemvh	ybwba	54:69	luqic	ssmpy	rejzd	regqf
vsfox	bewtq	ihpsa	qgeno	9/454	gxrek	buhyl
spqyb	itacr	ztkki	plkyw	epych	pjviz	$2\ {}^{1}/_{5}$
vnalw	jicfq	ozlgu	$^{3}/_{4}$ 8	yzpra	jfslz	nqjvd
qgjal	mncur	0 %	pcwej	zvtgy	abwby	grqfy
mdecj	sabmc	mknac	ldwes	$9\ {}^{5}/_{7}$	touqx	etvyx
hfzli	dhxum	274/6	uyctf	vqkib	isheh	zegcp

56.

mwrat	236 — 2	wejvi	sehih	lqixk	fyypa	djqvd
mwrat	tarlp	8,915	zdsam	txuvr	weshq	xatdi
nuyet	24870	zhapi	hmgnr	pllkr	fuqvt	lhshy
qphvb	sabrk	467 — 4	dliiz	vinma	jywfa	ztqep
4 %	nyxgr	cowmc	bkgdt	eihhe	hkqov	oejrj
efito	jaxzp	56/38	ubdta	ihhes	skwdf	xdzcv
sehav	46507	wecfh	cmxdn	hihih	eamwx	tczzn
3:845	rewdy	pzini	uhmil	alzso	ihhse	jpple
sihis	zhqbn	67508	dmijw	wfcgu	fjdyq	tjzkc
ugtwa	opugh	unhsl	932 — 1	rkuow	dfzxg	hbnif

57.

ybkom	tipzj	ifbwe	hiehh	48/72	yafki	gmtvv
xrgny	wxlad	sybsl	yphur	wetja	83 — 18	mczoq
cumlp	jobxu	jaszk	lcfnv	bxgvh	jzewp	25072
bynmi	sieis	ehzut	fcagn	vjkgy	6/937	ytxrj
852 — 4	awtgz	pxbhf	ftekx	civgf	vluxh	tcals
cfysq	shise	jekyn	cryau	02819	licsn	ouhbl
njuvp	57/43	qhgwm	iheih	seqpb	wyjzv	wtmiz
nosud	2/146	agyef	whktj	nfomj	uigxf	jvaxn
frukq	rafld	eiihs	mewia	$9\ {}^{2}/_{7}$	hpsky	ztnpc
humoy	51432	xpkyl	bfwox	tyiqc	ishis	cwzkb

58.

ravpb	mexqs	dkfam	unyrl	4 – 917	xamdv	jemfz
xrrls	guwsh	expdu	cimqr	7,643	edgqa	dixhd
97428	xefun	nineh	mlgnl	vmrvx	vmrvx	acvjb
zrofu	oudnk	cdblb	2:986	cdblb	ecpqx	ewqfg
pelrn	2/983	pelsf	lqpnj	kzitd	udgxs	csees
8 $^{3}/_{6}$	andtv	xlbpv	rfrem	tirt	wypta	ptabv
357 – 2	hsnih	gaqxg	yghhu	wdytv	yfxla	jmujm
xlees	91/54	tybcj	tevag	ertyi	tevag	edyus
ieseh	wzmdj	xbidc	jxryq	97 – 83	yuqhr	mijah
glfnq	245/4	vrpnb	labwn	zbdou	mfvyu	vsitg

59.

ukjfx	ltxdv	orjcv	30891	yvxcs	ijuyc	ungat
hqbwn	rzvxy	¼ 5	ptmdf	iqahr	shthe	bjaxl
vuldr	hibfq	0 %	ucytb	sumcw	tafwr	xenxs
bgqac	dewhc	djmdt	ufolf	85:82	boxyz	kagzw
aligk	myziv	muqpl	ishmu	2/786	gatbs	kiwcm
qlhis	npjen	xusjz	jyskv	qebdm	dnmun	4/135
hgibu	fyrrb	41,39	xyfil	hycim	argcu	ceght
afsqui	bittv	fhbil	udpfo	132 – 8	dedjh	yzkge
glotn	ihteh	kyzsu	95206	oruxi	wgorl	ilqhp
jphnw	kygbr	hqctx	27/64	pefgw	ssles	mfcjx

60.

pjutl	40 – 39	nyxri	aeuft	kyqns	vugwh	bsfsd
13526	paqbx	ovshn	njhql	ioops	bzejn	mxdqb
lsysh	8 – 293	dqbid	apqyt	rgqkp	jgttr	iyytr
46765	wfqvq	gmsth	emvkh	essfg	vbbgn	vqvnm
sjbek	fvyhr	¼ 7	vzjos	pnubi	xldbp	ihsei
wfqih	qhidl	fealy	74 – 35	btuqj	sbien	fybrs
mzjxc	sbcmh	948/7	fwuom	hiseh	zvowq	qfyhr
birlh	nojzk	28109	vbtmn	rlmkd	jzxhi	fwdiz
mrucp	5 $^{6}/_{9}$	vpryw	kxywz	hieih	mxxpw	hxlqp
awcuh	918 – 3	noczr	suocq	sifnd	lnkhv	javpm

61.

$8\ ^{2}/_{9}$	hwygj	tciir	revex	thyhu	qtaxg	uiipl
badqb	$^{3}/_{4}\ 9$	yqcme	feymc	tdugl	etsii	uijjk
ozirc	oecih	$4\ ^{2}/_{5}$	hclad	wvvzl	shhee	ettfd
qbdui	tlnih	5/627	rzdqt	yzvnj	ihgyt	jaqpb
fsvvq	kpzda	vrxco	dcrxg	hluks	3/462	kvupt
kmynq	nebpc	531 – 8	ljbvj	jamca	cdwom	heehs
irrwz	exwhb	kwpch	4 %	ylcgz	eihei	omuwr
indgt	fxusw	ekseh	fgeja	26 – 47	yjbeh	shseh
rtggu	yjnnm	9:567	scfiw	lthhr	weyii	eiihh
jlkkn	xtnjg	qrfml	csfiw	263,4	lfhxb	iehhs

62.

sxcpi	dpbfq	567/8	gzhfy	iseih	xuavy	kuuql
xbbes	$6\ ^{5}/_{9}$	qktay	rnkiz	ishhe	hesjr	sxjfl
qrpoy	6 – 237	vjmbn	sshie	cieha	edkza	gakhl
rnjqu	vcxzl	40637	jjtqp	hiesh	gxnio	wyhin
majip	9/281	hcixl	fgayl	cnvxd	ehjsi	ckvid
hbscr	ihees	cfdrp	rzael	awovd	$^{3}/_{4}\ 6$	sfeem
rvgfy	cbftp	34/17	ckqpm	nuhxw	shsie	jpeum
8 %	jpdav	icefv	jipvw	isehh	uzsye	wqijs
3 – 291	xqcch	myccb	tctwp	heagc	ccxoi	vnllh
$5\ ^{8}/_{7}$	mnhdr	bahif	ixszz	zcxrn	zhegx	zlula

63.

uqxwc	1/824	lwbus	sieis	inkjb	lvday	brciq
datgx	$4\ ^{3}/_{9}$	pygdv	ifchm	eehsh	zldps	vqhnz
isezo	463 – 7	rqonj	wbciy	nmujg	iihes	uasfj
$8\ ^{1}/_{7}$	jziwn	zrvjs	uoqci	hheih	xctba	vofsl
96/57	tlsxg	uyvbc	khjvz	eseie	xjqod	eepqn
lgxoy	vbhrm	8,359	sihis	yccnz	xjqod	laezo
pjcau	14041	phslt	ehiss	vdcqt	wafsg	fcsgq
5 – 683	wesfc	gvhxb	gvhxb	rypxq	hishe	cgzin
pabbe	5 – 678	oliik	plsik	mxbed	iowqp	eefgf
zqtgs	4/356	tghhu	oqgwe	cdlmk	ftomu	brciq

64.

7 8/4	pchxw	ptmcx	pfgym	xoqqn	sisee	ckpvt
frmpc	50603	lwgrh	kvcqf	iheih	wtnvd	wtnvd
jsicb	68/94	epitj	bcyjn	bcyis	wrvan	lssuy
khlif	75—71	qdaci	sihhe	gsduy	ouibf	eppfb
tvbci	34:83	sieih	meckf	ckgqz	jbxqe	gavmh
sejfs	641/4	lmfxv	hsihi	mdynw	kwchf	kcuuc
burqh	7—523	itlov	bsauw	eeseh	jpbax	ezkmu
vbily	812,5	cpmow	mvler	mvfxi	sheis	ndeen
6 5/4	semul	mtzjf	lfyzm	idvpb	gsemj	rknbb
¼ 9	fazuo	nllaf	jaamk	jfbnt	hxfau	cmaay

65.

thsve	qzsjd	qyfbt	siehs	qyesl	nexar	5,239
uhdhm	mitlq	hjwgh	zparu	eshee	637—2	fpclo
cxnvv	rjyhz	isrwu	xciba	¾ 5	kboxf	fjnvx
hmidl	valiu	afjqm	42—18	gzvye	hieis	zhcwg
bmkdy	qxczw	6—126	fwgrl	punot	pkvwb	cbstp
ydrxa	3/871	fwjpo	siehs	sgvlk	lsbna	xncrj
76:49	gpztx	sgnwc	hesyv	xjvbz	pvxuu	pgvdq
tncou	0 %	vpfnq	pqbxy	kdnge	csvhi	eests
jdyvb	8/395	pytea	statl	qatvf	yicmx	wkhnt
vbhxn	wsghi	2 ¾	wvvne	jglkz	zhgfa	pqykv

66.

xvupy	edyba	zymts	ekicg	prbag	rebsh	98504
eczfi	hyqbn	rwsaz	mxhad	8—877	ephaa	pehvm
fivde	ruvdc	ozyno	agzle	17534	lyfwz	ovxni
uxfta	kafgv	0 %	febpc	xwyta	rymet	erzmu
nhkil	hjkix	¼ 2	ufdbi	yzykf	nytbw	neqcv
nyskv	nyxlb	orgsa	kynfh	6/213	piswd	dfqat
irgky	cilpp	80876	ufjna	hidka	eqavh	sggir
nulrn	sslaf	dytlb	mywps	ljwen	xerkf	25,67
ejtri	qimvr	nevqw	vegrr	slfep	plegi	46/72
hwwok	qesxf	kumxs	idsne	8 2/3	fqzeh	zuprs

67.

zgsxs	ibawu	qgpkx	wkzsf	pbrof	41025	ypunk
wvhly	hebbs	$9\ ^{2}/_{3}$	qccgm	xziqv	mhwlf	mzxhp
djbgm	tkncs	coenq	vqdeb	5:396	ribla	wfdyl
lafmx	djavx	slmyp	528—4	hpjdz	eheeh	vsxrt
flamz	vwehc	xuacm	vzytp	dsqxk	29/71	zkdop
masvp	hojfr	3—264	iessi	denzs	sckew	nahde
iqmrb	vjyel	lzfbr	07463	lyvej	ehses	bgjht
epzus	28,27	qkxte	qybiv	qgyja	qfejc	pvzaw
zrpch	isehe	wuehk	½ ?	kmhxq	jgmdu	kycsk
ssheh	453/8	joqxi	zvpuq	fcjpw	fdpls	htldw

68.

19:78	slwqe	zkbjz	isheh	kahyu	lhrxa	nnuta
adgyf	124—5	xjwko	jibsa	lqque	ieihs	steev
hivzt	dpjfq	12/43	dupxn	ehess	mfkrb	kuuca
892—7	xmorb	cidup	vluxy	ihish	vobpe	hrqqj
rfajy	zfhmv	¾ 5	opbmx	kepqf	ihseh	qrwwe
xbage	53/62	wczta	fnulw	eshie	unihn	rvppi
3,637	srrim	ysvcl	vbmak	wgtlb	hisei	eipbb
ihgjy	378/5	alcef	uwpda	hsees	mqyxo	ewcrr
07542	ybgtv	jhnjm	desft	huuid	sredd	eippo
$6\ ^{9}/_{3}$	frcde	jkolp	yjmhn	tuggh	vgtyn	rihbw

69.

8—693	yphjc	vysre	sehih	kjvrq	xumce	fhnna
envxm	$5\ ^{4}/_{5}$	cfuvw	xylnj	txmhz	seiss	atzlt
efwst	lawfc	$7\ ^{4}/_{8}$	rxadi	hesie	ycuil	rdjno
aemih	267/9	qhpxn	ardcm	shjhs	tpkzg	sszwg
¾ 6	yxeip	oyljd	khhua	eshie	clumu	pnqnx
ncvge	byoxg	7—249	bykgd	flkxg	ehsih	dhukl
tjpxc	513,7	jxfal	eshie	jdcyq	rpcel	ewubf
ljwzh	91835	btzpx	soklg	eishi	xkpyh	hwhkc
298,5	hhkpc	livvk	vcerf	lsffa	rjjtr	twwcn
5,872	aneyv	qdbyc	tghyu	nppmy	oxsbl	mxaei

70.

rives	dvhlj	hhesi	mvnrq	35/18	mpurw	hcawa
hdvmn	cizfu	ortre	47:38	qxabp	xmqpj	cluow
rsiem	isihe	abxuf	7 5/3	bzqcs	fvhgz	hpige
bnrfd	csckv	clyjo	47/29	yclpq	qypta	mevrz
azdbn	zafji	cdhsy	4—923	ihucw	gndey	pwyvl
sheih	wokeh	tywzk	½ 7	crywa	tmavg	ypqmw
njtfl	rjxuf	xmhoj	xxvaq	6,472	zeygs	hhesi
cijml	gaebq	etsbu	0 %	hiesi	zjevk	inxhp
qikhw	4/872	lamkz	lkpvi	lnwfi	hjyba	nwrhz
gjslo	eishs	uedvh	cxzqy	532—5	qsbpu	txohu

71.

suqxf	nacpe	byjag	fgnng	60453	ncxqu	vjwsc
cndyu	kxntb	9,487	qdbxc	sviwh	vsdbx	ypjvm
abfmc	gtoqh	rbjns	thrmz	pujfs	21513	wzlti
cyfde	ysjuw	tbbhy	2/852	vxgqu	cctwd	ieshh
rdlup	lotnl	svfml	sqwiy	xelsb	64810	ivbxe
gvxwq	evnbs	39,96	prxqu	nqgbl	vhkii	ihsee
eochx	egqbf	drgcr	0 %	shihs	elyfo	vpwze
cgjmi	ieehi	856—3	uzckb	tnolh	vfphq	enwus
seeis	nywjg	8 6/3	cnyjt	nvoxl	qofrg	crgof
xwedu	znpaq	ieseh	27:46	aeuhp	sytnr	ilwcg

72.

tauwj	531/5	bpvsh	seesh	xmdsy	odpck	rntzw
ydcne	hbfcu	uqbnv	287—3	zqcyl	eiish	ximpg
vuwzq	hmbbd	918,4	sihes	yegqy	ljyru	scayn
prvwv	enlds	kryzb	svjcw	36/42	qndhi	heshi
fklxn	½ 8	cunbe	dhhcr	cilsq	fbqwx	dppaq
xdaui	fmxwv	ihzzf	51946	jfxtg	hlqki	mkuwp
wwxig	lbscf	27593	amyrh	hbgez	sndky	jhuax
xfovj	xgywd	dcarv	4/624	crqeh	ijyiz	qvolp
xkprz	63217	fnvef	slawv	uzcsz	ebvyq	tghxi
fhghq	rkzvh	brtvm	lnvaw	0 %	ocgqn	thkte

73.

jgvzu	42750	qcpie	ziomg	lwbrj	bypcl	xwnbf
kdpbx	nzjyv	shlmg	632/4	svgst	kxbrh	esisi
lsoxj	82630	hyfci	svudp	hsehi	yhkox	shytf
zdyjv	tdekn	qtfad	ehhis	phndv	54/82	qzcwi
vfnyr	eishe	¼ 7	jpucg	rgukx	jszkl	qwaye
5 %	zunri	cxlch	jpuct	rgukx	jszkl	qwaye
tlqxp	czywb	76:28	zslgu	zgbll	muxap	eeihi
jebfk	pncdi	lbxdf	26261	egtxm	umqve	pevym
eqcvh	moqif	eshei	91,54	drwpr	hwtov	esvcx
vamsb	875—9	cwsdg	ypvzi	xneac	zfnvx	qylzi

74.

4 %	cqalt	dnylh	lxtek	rcezm	eyyil	tqpyb
xafum	3/613	zotrj	ubxlo	xgsqz	hseei	xfejn
klqxv	spcwt	dmphh	ukwha	pvgsu	sihse	9:829
oynui	vfphr	hwgjc	134—8	zjsgw	byjgi	cwkfb
pvriw	qmcog	vdxaz	nyaqo	58/17	rmfdg	seihi
oxigp	xcigp	ayfkj	jdfih	qxbuy	3—897	eihnw
rsznh	fbckx	tzamk	chjkt	whskg	mpayj	1/572
qlygz	cisjb	iehih	vesjs	cblne	635—2	epzqy
ihjes	woznk	xkari	ehesi	wmuba	jyrht	28,53
qdnzy	htvkd	lygzs	muaqk	rpkyk	26980	qtjup

75.

5 3/7	ogxdl	lsimw	isihi	hmvrc	hcaxd	nzpau
zuabj	yloev	965,4	uskjv	shiie	zcgvw	qbncf
dhqtx	7/346	ylhwk	huqel	jlhgs	sesih	hqmvr
qmfrn	7/965	jxlks	vtezk	hiehi	yaxcp	rrhln
974—3	znstl	mjlbn	itxeb	esihs	forxa	fjaas
owipz	gqofw	hishe	vkinu	ymchb	sheep	9 %
82/76	yecdw	wditr	sheik	ieisi	gxpyl	iwcyp
rcdxe	1,468	jhswd	lcurq	xcupi	hesse	myegu
5 6/8	qvbhm	bmhnl	pdtyx	imzln	niyuv	ichlu
37892	zlnun	zlnun	imzqi	goshf	fdusj	dlqrr

76.

$\frac{1}{4}$ 9	esmlv	jcfga	dnqzf	hihei	jutva	ccviq
ggkqg	8 – 342	kzpca	avmyu	cdsbt	ssieh	wctgr
3 – 462	wequc	lxwkb	ifsvg	sieeh	wzrfx	qjacc
xcray	753 – 2	axmxy	ihies	wtqsw	ivulj	rnvqp
4/815	jrcfw	kwogz	qpigu	ihhsi	rbdla	bzhvo
xeoln	72 – 61	ltore	rxhde	iypsu	esjhs	pudsk
52:63	uepzd	qvynx	ctqny	ieesh	pxfhv	hzuxx
qxidc	854/9	ldapv	isehe	msgah	jkegu	erldc
luyio	5/748	gtkxh	yhjzp	yhjzp	ijjeu	bikvg
fdkkl	9 %	lcnbz	ttkxh	hlbiw	xvmph	ifgfi

77.

xwhlh	rhlau	4:719	wydvk	genav	hissh	xmkyi
pfwdk	bcepz	uhrki	hlhsh	ofgil	lvgpv	728 – 6
mzrst	$\frac{3}{4}$ 6	fjvba	ptgxk	qhdbq	haeis	innlh
hrmiy	shxel	ubkyb	17 – 28	cwefk	lfhoi	wlpge
idfth	1 – 729	befem	ioeup	lrbup	gvbuw	fredc
paeox	opegql	7/194	dnkxm	wgxyd	essie	xzasw
uytre	673 – 8	edfii	fusie	mnhbg	hggty	plokm
lkjhg	07,65	khhid	fopaw	vfcdx	deers	qazws
ujyln	5/289	rhtaq	vghki	iheei	sazqv	qwaas
2 $^{6}/_{7}$	iwkeh	xmhdw	ckwpj	mzkio	uioue	eszxd

78.

keqnv	ulokw	hidpn	xsgqk	tnohd	52086	hivgh
sbige	trfeg	bewkc	flzid	671 – 7	rdhyr	zfruf
uhgto	vrpad	$\frac{3}{4}$ 9	omhpu	vjcel	zevbp	zcvuc
xawlb	cplik	98/53	upygf	mgxik	lzhub	lweyh
gjjiz	drrah	xctip	kdheb	8 $^{5}/_{7}$	femxk	stmav
icgma	zhlew	erzlu	nbzih	adesv	fwpek	87925
kardl	mfjet	cezrx	tysiq	0 %	wsjas	ynuta
wxred	iqbve	rvpib	rwbiq	rqjyh	rkuca	49 – 64
erkug	pxrli	evhji	symkv	inuvw	rymir	4/841
idnte	xpgyv	fgbec	eebfh	891,3	wdayf	giikb

79.

etsne	eictn	fypiz	pekln	½ 5	ecfpa	vebgs
lucvr	sevrd	16,56	suppz	qffin	muthp	isjzu
rikxr	afejy	ixrnu	psgel	16523	zkxed	ihlbo
pzdik	nbdeg	473,1	tpumi	qymvp	bpjic	rqsix
16842	clije	fagdp	whyvi	rvine	wymvq	catsw
rfftu	niicg	budyg	dzler	2 $^{7}/_{8}$	uktlo	nvset
xhbet	bzife	bdypi	faher	wkebu	lxcow	90570
catkn	igefl	6/178	druhe	kahfx	enyyf	ezseb
megpt	gpvef	dickg	dethz	23741	bivbv	beguh
benrp	egsli	352,6	jbvag	ifkem	gdnfl	ignft

80.

dvazb	zksle	hmlcs	jplqa	iishi	ppqtc	94716
vcidm	9/834	brlsw	ontwu	ehehi	zulgx	xcjge
bxknm	4 $^{7}/_{8}$	ecbiq	kswdj	cgwzq	sihhe	edxqs
57/16	xhvni	qtdxw	rikqm	eseih	ulgan	gxemo
xwkpb	nckhc	23086	zpnnl	ssiee	lpwze	wweqg
iehpm	97:35	majhp	vzuyc	xjkco	ehhis	ihhie
ipyvl	35917	iydra	qtxvn	mtisb	kfjyt	kpneh
viuqb	2—516	tniyp	acyug	ehhei	wqlub	zvdrq
0 %	vbhzq	azpmq	fqlsw	udhge	wtzxs	tlsml
784—3	ekpgw	vyjjo	mzivu	bxwtz	zppqt	bvpmn

81.

uhcqu	hwnib	ikgra	prjez	kislh	qphif	86358
telxw	qoyyg	¾ 7	hissh	igtqo	gyhqv	ebocr
zayzp	rydim	pvqes	hinwc	48623	jiczs	sugtz
yewbf	qczud	bxlim	rgyyq	givbt	hexuw	2 $^{4}/_{3}$
dfula	kelfb	0 %	esihe	oblma	qlyir	cefxk
mglig	zedhr	oggvc	sdlit	72:98	zyhis	uiggz
quluq	jzguh	nfhek	devgb	bmmiq	tcbem	91247
lyhle	hespf	9 %	kuphg	wjtec	oqfti	gtamy
byqps	rcati	ikktz	wyklp	hcype	zivjp	491,5
xofsv	qtweb	asphi	onegq	45/49	kerxg	lyhub

82.

lvbck	¼ 6	cqxwt	whbfg	egsip	olmsp	rcpez
zlvqe	fznxg	biphj	41/96	whbfq	sndhs	ibmec
dcaqs	yfzva	5 $^4/_3$	debfg	tgaxd	multe	srjag
hdavo	fngbm	ihehe	xeafx	fuqjg	uqtil	8,596
nacyg	jszrw	uuzmq	ihshe	xobtw	68175	xvrdy
jcpbl	7/397	dlbnv	kcmly	uhanp	zeysi	shsie
nsxih	lskce	zrgfn	8 ½	xuecp	vkkqr	wpohg
ceita	24,37	jetyr	mqjve	bqvve	hpydz	jfhcb
ieshs	fdhsc	85198	masdz	rvuxt	qhsew	idtax
tarwn	2—632	ivjew	hihes	kxiql	apyyf	dvajd

83.

opdjk	4 $^6/_7$	nmlop	jnvbn	kuhnb	jihhi	juiuk
rtyyi	4 $^7/_9$	bbghu	fhbgy	qfvcx	seiih	tyhjh
tahkv	74853	qoczg	ehlcz	cuyvr	fqxvj	piiur
mlwjy	bgfjq	6—816	kvwuq	eihhe	xqvjf	ghjyu
mgnsy	atlqx	icmha	hshes	caenx	91593	hfrsn
vkcnh	ucfoa	824—5	iehhs	rpcdr	xnpjg	mvgpq
decfy	irjls	suqos	adrxy	plsne	51:48	pzbfy
exiqa	53/97	gejkv	frypn	gsjxt	czicp	jkpip
95483	bydwr	inizp	limbu	oszal	eshhi	elppj
vahes	756,4	hfcew	ndxmc	ndxmc	hihih	xwmas

84.

lrdva	sytwi	deucl	gvdnr	hfzib	wtqxo	7 $^6/_3$
xypvz	bvgsn	wqkmh	cmpyq	ipjlv	6/352	eehsh
qyhsj	hibkf	iihes	ljksa	45068	mciru	zdtiv
ymodl	ncfds	wizxf	¼ 7	iwtvo	clxqv	wvbzu
fbpdn	ythrq	kluxp	eheie	svmqe	07582	qjvfe
sfjbo	oprzq	9,314	caslt	lbrog	renkx	sruca
nixpq	ckajg	ehiss	kwavc	bmxlf	ijnvy	691/3
fdhcx	294:8	dqyex	nhdmj	evbrs	zkgcb	jvypg
imnyb	sieis	tuzhe	ngacf	ygkjv	27/39	jrxty
plmuc	uxboj	kszaj	vnfcl	hvgxb	pwezj	2—752

85.

dpdbu	nsyca	mtvcp	½ 6	vgtfz	uvdbn	ourbx
zyaqf	jfric	juhbn	rskhb	74/68	qgexq	lmjvc
ondlr	jzckv	nuhwm	4—637	jawmq	nvduu	hjaxc
wavks	jnpwa	yzmej	5 %	qavjf	syfgv	nxgoq
cglsp	yzhse	tlrch	317—6	dtzps	pfrbk	hishe
imbqp	qbrzy	zieko	mdpew	83704	ieisi	fgsur
bxhdu	kzuag	hesse	287:3	wnfty	oxqym	myjfb
yomuz	234,5	lykpx	xowfb	cqiyt	sihsi	pkzwc
qkurf	dltar	shiie	aiwem	86—72	zkshp	cpntz
tlhxn	vqicl	kcydh	lqzor	9/461	nvdiu	hjacx

86.

ncpdo	62170	rpble	eqtyn	seshe	sjuev	qivas
852—9	sincw	vydlo	vxmkb	czfan	hsieh	lbrju
xktzr	bjkde	30894	rwjyw	iisei	gqzob	prisw
73—86	aqzlc	angns	jtshv	takec	hishs	zcmpk
xfghr	73846	xjvzy	oeehe	shfio	aeitu	xxpzh
onekg	½ 8	zcmkf	ihsie	xcbqn	ojuvb	gsqzl
371/5	nadpe	qxhnw	emino	hehss	tmnqh	yvmmq
ngxty	9—283	alimz	ehese	ikdsh	kxbzl	zuxff
nwbqh	yxvzr	8/694	fdmtd	rhapi	ehths	lxajb
xfjku	vdctl	vcjro	4 $^{9}/_{8}$	scxvz	cyuji	tagnu

87.

xwbym	gxcap	gaxtf	eiihs	86/51	lekpv	zppaq
libtv	tvkuf	ukrco	dswur	2—764	ydkma	symlj
xurqr	rnowq	¼ 3	mitpw	elkeb	qazhk	hccjg
clqik	rphyr	vksyj	allfo	5,876	xheed	irylg
28:46	ryhpr	jyskv	heish	ioyhk	izhpy	jryko
bfsif	yrgwu	47—92	nejfn	civgr	zjpyf	apbce
encvi	uddhr	ugcme	ddves	43278	dyyma	szqip
zpbus	bskky	zryhe	bvnuc	vweib	xvyli	45—23
iqsfa	vttib	libhf	ofpdu	28231	hjdde	egkzy
ubghi	brryf	9 ⅓	lifyx	mixyh	ucgra	fhgec

88.

91762	zyxiz	udcwz	xcegw	gwntc	ishie	diekx
ecrlt	546 — 7	uxafo	sjoee	hfwad	edbch	hysysl
coabg	4 %	rzdsv	pbxmq	ihsei	cnej	xprjo
65/98	sxqeg	dtvuu	xdpgj	ssese	xgzk	xlijh
$\frac{1}{4}$ 3	cbqly	xacmu	josej	kkuyz	yobt	nfseh
zkjbo	9,718	wglse	joojs	fjula	leum	ndbvj
62038	necru	zdsof	atzsv	hieih	xget	zvges
mhrxp	14135	luejd	wubgm	vqctu	eish	qegpi
5/676	qvqfw	htsmg	hkvme	gfsse	ngblv	mnvqv
3 $^{9}/_{2}$	didqd	tyqpa	pkqgr	rttgj	rtyy	fsvde

89.

impyw	21190	pzjlk	gtcpz	ehsie	qxhcp	rjcvk
sdcpr	ekkwg	637 — 5	tfjlq	vxcbk	zscbd	zuole
juopy	vluxo	bxvfo	desgp	$\frac{3}{4}$ 7	nagw	shiih
hrvla	eyvwq	sqrjq	fqdwy	magqt	yvwg	62 — 94
hrgyx	jzfcp	igcrz	3:742	lvtgu	xifyj	esess
ofvtd	jlxvq	ryezb	816/4	phqli	xcwlf	rnpjv
lrtaw	syztf	ywpnq	sohzv	6,576	hpgq	eeihs
cohln	kucsg	eihsi	inbuz	dwfcb	923 - 5	kntzv
heqwa	7/381	rzcan	yxous	dnfis	vhkil	mpvaj
pcurm	7 $^{2}/_{9}$	wyrpv	zbyxk	hieih	wpcm	pqlxh

90.

ardka	jrcvn	sehih	hjzef	8 — 428	jvfwn	mvdhi
yhuqt	mvyol	psbtz	mxqte	jfeza	7/15	lqxme
axkcv	sihwn	adsyj	hztbd	gusnr	zmsw	9 j/j
oyfug	yqibw	ysmvz	782:6	wzqys	shih	cgvvk
kszgx	vkrtn	otgyq	irxfn	traqp	$\frac{1}{2}$ 4	lamkf
dmvol	yujjk	5 %	btvvu	ehsih	quhd	judkv
cgsjf	ptalb	kwdnu	hfqgw	8/962	eshi	blykg
vmxqc	176 — 2	yivfk	etshi	nistw	afpnh	aucap
iwnic	jedav	arynt	iwcbr	543/8	jlph	foclz
sesis	zsogf	iwjrx	fnvmz	wfuev	1260	akgct

35. 5stellige schwere Gruppen

1.

desax	(xid)	7?143	dojüf	vxyuz	943/7	bcpya
12:96	lefnq	(mtz)	zlfqj	ymgvh	zmktf	648/2
onqia	sxlzü	45/21	owykh	(ojk)	oxls?	grjow
30 $^{2}/_{6}$	iskog	phwnq	cöbac	nwätl	?cqkr	68/72
wmi?	pjihn	80:35	xvc/z	umesv	eywz?	(mkt)
6,581	läuph	(tcg)	wdazj	cm/aj	7 $^{2}/_{54}$	xdjor
bdvgi	mfapl	5:681	(agc)	grfnq	17 – 94	dmötd
frwyz	mkeuü	(uny)	ay/un	2,075	(aed)	hsbou
xqjnl	?qsan	84.08	zlxäw	ttcgp	qinvh	(umz)
23/79	wzvpj	?frz?	26/37	htxäb	btqkj	txvug

2.

wodax	üojdz	(uyx)	kfohk	wgci?	32,91	qbroh
joig?	köcsf	?1871	phwad	(hpq)	ykou?	74 – 58
ojywu	qxhgo	rywbc	gshnw	6 $^{7}/_{42}$	afiön	(azs)
fwbgj	yczkv	(1,49)	bwuyk	lfrwü	342/5	zauev
mvkbs	69:85	ohjql	cwpt?	xäznz	xtq?	(758)
cuxan	uhmse	36/70	l/vom	wzetp	vhgbc	jyexi
hobf?	(axoj)	16 $^{3}/_{5}$	porgd	(ofk)	ftlüj	96:82
svumj	80:13	lezpq	ondmx	97 – 28	ckiöd	paorf
(qxj)	51:38	rplze	qp/xv	mtqpo	mdcn?	hsöet
wcuzk	td/sb	ojqsl	väkgw	9 – 467	xtmza	dujsj

3.

xkauh	24:63	(sfn)	?rso	oxvzn	16047	(qlo)
cgvjä	70/64	(gfr)	ehxw?	bjwdü	35804	eyitp
29 $^{5}/_{7}$	dykei	arsoj	upvöb	jorcg	hyecg	fyxb/
wk/ha	uskow	21:8?	iycux	(mrz)	67243	üasgk
79 – 60	bzwul	hkbxo	(ixy)	üwzej	2 $^{3}/_{58}$	hyiwc
687/4	gvyku	cpeqj	vpdeö	1:386	td/vr	(qna)
dpofj	atqfp	lrzme	97:10	üwcsj	wgobr	kxor?
ndclh	2619?	äxset	blztk	mbqiö	86/13	ogxnj
28 $^{5}/_{6}$	(unw)	rc/fs	htzfj	anexv	65 – 38	(cow)
xchäo	17:02	(hwt)	sqvrw	ochsd	fxöqb	r/lmi

4.

32 – 89	epltd	(bex)	nkovl	ögtca	7?627	pyzps
zrdcy	$7\,^{9}/_{48}$	ohrjy	wimvh	41/:2	bkulq	ümaxe
0,651	muv?	wndce	74:39	työj:	utlm?	anyki
akfxq	(uax)	61/30	whrbm	fjsmä	orwa?	(xow)
asglh	kyfuo	(kpo)	jwuik	$45\,^{3}/_{9}$	bcwpb	ycwjo
(iuc)	abwkg	67 – 74	eorvo	hsl/:	wngax	74:26
jfsäb	08 – 16	umjns	hr/ey	ubuzt	uäwky	$4^{3}/_{70}$
alr?	ivxna	9 – 438	kzxfü	qozna	5,390	xvrte
hzech	fw/ds	gxqpö	bijpd	18702	ftldn	(tzs)
14.86	yosih	(jyk)	pcyzr	dlxr?	wmgqk	vrzlc

5.

wdqav	gcpör	(oyz)	cfrwo	92/56	?qic	sfdgl
mcqxa	qpwji	inofn	jvkzx	41:50	ürijd	phqdb
83 – 21	üqlty	(jsu)	osihp	91 – 27	mqshw	mvea?
öprtd	$9\,^{6}/_{80}$	uzitw	njyke	mäegh	ceomx	85318
jign?	xvkrz	4:351	wcvdq	(muz)	aöbd?	69:35
fkwow?	(glm)	hxfki	weokx	rvgus	80/34	nbbäu
wizbi	koalw	ujoce	$91^{7}/_{5}$	päayh	?ynw	xfwic
gusbn	rkwyb	cyh/z	aclgz	36:49	cbqwm	ofwiü
59495	bauzb	(qwx)	cvöid	12 – 74	rwt/j	yükem
swhte	pxeom	$6^{9}/_{10}$	jyuta	ftgb?	(dtr)	zdöhj

6.

qpotl	(lye)	nsiho	36:95	lpmyl	gfopn	ivg
bsczr	34:60	wfovd	äfjms	14/82	qxano	basnq
xjsm?	gylpk	nzyki	nüozi	xyrwf	3 – 746	(dfx)
wladh	$72\,^{3}/_{7}$	vjcäh	zqmck	o1wbn	rzxvd	caubz
vcidy	rtnjw	52 – 71	52 – 71	(ebe)	ügzme	ztvji
ypote	mjtüq	$3\,^{9}/_{20}$	dtpur	(xfb)	pojqt	snhli
9:427	bpaco	aioui	nejxä	4 – 61?	rwfkn	siw?
15:86	(vgs)	jowui	ölkwo	lrywu	kbsfw	ögnhü
xlvgo	37,84	föälö	äwubd	?3974	tqpx	nz/fp
$53\,^{2}/_{7}$	önhig	pcsjb	etopv	binet	60:10	jpozü

7.

583:7	njtmf	rgayf	42 — 60	rwfvx	(xpy)	olkyi
dcwlq	$9^5/_{78}$	(hck)	ogay?	zxdvc	azudi	nühzv
cremd	ä:wbh	uha?	ytjqw	5/298	szbaq	jpkmn
wqzon	0':82	xckbz	qjpmo	xle/w	swylr	72/06
(eyb)	cowkl	(qyn)	42891	hxvük	rhxcd	veaci
eumrd	$3'\,^2/_8$	tceiw	dyjsh	(rtw)	afzgj	47:03
nopzb	ipvjx	7?586	rmats	96 — 08	fepbt	gecns
digs?	ovgxv	$4\,^5/_{38}$	gaulo	?nch	ifwdt	3:926
qehäl	kiyou	rwlyu	18/72	bsfwö	yurow	6:917
(omd)	lfvkq	jxypi	(löa)	gliwh	39:21	oduft

8.

ekagx	5;/84	oäigj	u/ztq	frbgn	57/89	scjhe
rpmgj	$1,\,^9/_5$	oxpim	atvyn	(pez)	fturö	ybnci
dpocv	7i:14	(rpx)	?xaf	zdavm	08401	zcdec
35 — 16	jsnte	daüny	mcqyo	$9\,^8/_{17}$	nxkbl	msüzk
jpfvr	(cyz)	2:635	xkäqm	yp?kc	(rqe)	nbxy?
7279?	jvkrw	(paj)	oyzxw	41:38	sndüd	thqu?
zavmz	k'umi	cedac	56/23	hfbüc	(trd)	cvrtö
hxvdi	iawp	uxqe	29–76	kdfwq	(shp)	lobfö
aglvn	yilso	$1^4/_{89}$	wyunr	lonuy	rwuls	2 — 572
(wql)	bihow	mfw/y	puxeq	06:17	kdäit	(txf)

9.

51/34	jeazo	xsivu	(zmr)	oeb?	jbxon	02/05
hgpin	6;/73	scget	bskii	öwkhs	$40^5/_8$	jyira
cvybf	citrd	ujsqi	40:87	oelws	(szw)	xdhqx
idazv	(ndp)	13 — 24	konby	wxclü	qmzyf	qmjvä
12709	yiozq	(ojm)	rynlü	$3\,^6/_{59}$	myzfq	jvk/d
xybnz	vnät?	0:416	cpzdk	(ocxwd)	filod	42.03
rwyq	bjexi	sücvb	cyjib	51/64	khtwt	cfgep
ahjgt	(z3)	diegn	xfsca	(syo)	pobwu	$75^8/_9$
itfwk	1i5?4	qmjei	äsmbz	25:80	ovuqz	rgjho
xqulf	ö·-wg	sywru	75 — 83	onlyu	?nrou	o/ude

10.

97 — 63	lwufv	$9\ ^{4}/_{80}$	yluqj	(kwl)	ovlup	rzghx
mjesb	1327?	imäxk	dtfzk	1,368	weonu	mzr?
ocpxi	(hxa)	tgfpc	20,69	(eög)	awnqr)	34/20
(wsb)	khtpj	okmh?	wzkxo	60354	(fil)	terdh
woücv	(hnd)	bxyca	dpctä	mdxfc	zymlq	(mvk)
kvjmb	zvynr	trfz?	qürwr	80972	yohnr	(ytq)
ltchü	yqvnz	bmaty	$6\ ^{8}/_{29}$	erdcb	clrhi	kjmbc
üxwsd	ltw?	pycil	7:061	dpjct	äfmdx	hwzkf
iokg?	(ogr)	jwgar	36:70	öeonq	sownb	mgol?
20486	htgfp	cvluf	81/56	(oxu)	gopji	ebmsx

11.

51/73	itfzk	whljq	$91^{8}/_{9}$	ywsvu	ypzrg	dxwpi
53:61	nwanu	(cup)	wgvr	söwyu	92 — 35	zjqpy
nl/ar	cqxeb	säidq	50496	iftkw	hzmuo	(fgp)
vow?	?kavw	onbue	öaxht	wztb?	glefx	7,581
(kjq)	cfsbo	cikog	03:69	jwris	nüpog	25938
(xch)	16/40	xzasd	wyter	xiäyd	qjsgi	(cyk)
janbz	mlhz?	(zyi)	omnry	zhxqü	40539	vtqho
lvqty	01:38	rnvqc	üzydy	zkcid	07135	ahmxm
91 — 99	äaxzd	cwy/k	whscf	(whs)	rckxt	ywgsq
$3\ ^{8}/_{57}$	(nzh)	rpxüd	81/47	jenfm	(uxo)	6:189

12.

gölwf	sbogk	oqpwe	cifoz	47/59	(xve)	jujli
(pse)	lxnii	äitdq	38/47	fkhwx	moufg	olkau
xuwan	rgsöy	b/gt?	$15\ ^{3}/_{8}$	wouva	bsm?	(wsv)
15:74	ulkua	xpmqy	(ugf)	51/79	tiouh	zfomq
äilps	(fjg)	ebfek	wofzj	27 — 46	hbatö	wnodi
yuüxb	68142	njoxc	efmnq	pgoi	zvtj?	kweic
sopdü	(zcx)	daxcs	592 — 8	erwxh	äwdzr	qtw?
üdpo?	2:486	sxadf	jödpt	lybzk	räz?w	n/qtr
bäx/r	a?ukl	cxr?	(mfe)	jrogf	i/tvz	w?nds
spölg	y/äsg	yqxce	d?fgr	zw?hk	h:uvs	qfozp

13.

fcbmb	ecerb	dfyzg	zeoff	udjva	(ohq)	ygdrz
zbxek	rffbq	(490)	ickrf	47:97	2359?	513
90 – 40	(ncz)	pqlsv	2 – $^{8}/_{1}$	poyvx	tstxt	ivoft
mowsz	deyjp	uwugg	vpq/h	kmnom	ylphw	(yjo)
jmkkh	1,80?	zwxjj	ohkci	bquup	yuvvy	(woi)
luwhp	gxsw?	76141	200/0	pozgx	mza/p	imrfj
rtpix	tojwk	(cbr)	5588?	?osde	oiejq	3/6/6
92177	94?21	pnktr	dkmia	xagar	(hhe)	gtkth
jnvqy	bvhzn	vcgfa	tgdxm	ezbd?	(33)9	kdvon
9.$^{5}/_{6}$	0:403	7345?	lggwj	fhlsi	2 – 5:6	uuqzr

14.

gxzzv	iplzp	jaqxp	yzjlk	bmens	xhcco	upkos
?320?	57742	wuzyh	38501	13:71	1 $^{7}/_{8}$	901
qtsln	ncyih	mzmfn	87757	13779	rwjea	clsws
(sae)	qpgkx	7/3/4	10 – 11	ucgxx	iqiko	zxohd
bqrsv	zwiup	salbu	skhip	(nty)	aorix	efisv
rwmue	lazzo	7?183	341:6	xauhv	(puv)	qahnc
ozbuq	pquij	cfum?	tdrsl	gjnkt	gegen	siehe
tomto	tajah	gedso	slmbh	(zwn)	dyjhy	iwesf
taxhu	hafeh	udyaq	puqbz	ocnha	6.01?	94 – 58
agwhk	506:4	3/3	(cbv)	xueyy	ijspa	iwsmz

15.

isgzu	mnmnm	ohapw	mhnzn	ajxjd	(hzz)	bogel
bylki	iyqso	23/36	(2 – 3)	38150	7 – 4,0	92/38
5136?	irxmv	donea	ujixe	(vsp)	htaek	alliv
esnez	urcat	(nas)	doirr	abled	acser	otnip
ellac	376:8	2 $^{1}/_{3}$	(3:4)	21,7?	anebg	soedn
shsti	dvaya	(ati)	6464?	odalg	erraa	ratse
onanc	jaler	1/3/4	36 – 37	19:28	66 – 49	2/7/1
2:8	hhils	eyqtt	33 – 7?	5138?	zqzqx	esshh
annam	qezig	xpfgr	zulux	kaffe	ariti	(kul)
sdefu	mador	essis	hhtme	isism	hyste	rsegr

16.

ö3at2	z8bqü	äunes	pi0rx	zt8fu	am1jq	vd2wh
olky9	5cyo7	8qbgu	0pivl	dets4	mbq3ü	gateä
wrsö4	p1loh	sr8en	agu0i	upf2g	öyb9t	zrx6s
h9oky	l1inu	fpv4n	qguf2	vi9ba	mtedl	2sdrz
xhwcy	cdoi9	uens2	wt9ag	qmbz6	xmzög	gt2rw
he5nu	öga3e	nuäqj	bei5v	2tden	g7ten	bmt8g
ü3bjm	zr8xs	7coky	ldie1	vp3nä	ö5atr	gtar4
bqm0x	rtwag	e3shu	f7sdo	öa7tr	üb3mj	a8öun
f7tde	töbm2	xüa4e	6eiif	bna5f	nuaöq	en3äg
qü6er	sto6k	hse3u	8atrw	xz7bq	üöga3	enüa5

17.

iddc6	at8s4	zmta1	uifbt	mzr4e	do6rz	5agöq
4üuni	fpve7	mr8od	lko4w	6tagu	äni7d	puf5q
bnate	i7Lde	rzm4s	okc5w	x4eip	f4nzm	auä7b
jüq8g	ta5ni	jü7an	uä7iv	r9ne6	iua2q	jüagu
nifd5	vde5s	rz3ba	gö4ui	fä7bt	mane8	s6tnu
öb8zx	w8tag	vun7k	oatsr	8eöbm	jäua5	ztiv4
ldr2z	mu5öq	jb6uf	9vdnu	7atsr	eöq9m	9ügae
0snu6	rt4wg	qbmzu	öuä6i	pö4jm	tagn1	fnt5r
w6sei	v9okl	8fuäg	qöjb0	müög9	ykl7v	fidoc
h9enu	gat6w	x3mbq	gba0m	zrwx5	tenta	ui9ne

18.

t9nam	1tagö	üqb9m	2ues8	c4oif	gtarw	zm7bq
j3öga	n9äfi	v6edn	atmb5	uä0se	df0oc	2esnu
ta0zm	bqa9ö	uübmz	rt0gö	se7uä	fi2rz	x8set
mb6nu	qea5x	znt1b	jöa1f	u2Lho	s1ifu	piLo8
5ndsc	uaerh	g8tzw	bt2wr	7ntsw	uie6h	fv5Li
enat1	sodi2	äg3am	1üguä	a3r9z	maune	diuö1
b8üjö	äun1f	p6Lds	7chrw	zx4ta	2nuäg	öatr3
mbü3g	uäne2	baut0	n6fat	erswh	9tabq	jqg1n
ei5fu	v7edo	s4wrx	z2tab	jqü4u	fpiv4	loe2r
a4ts1	detmz	rba2ö	ö9una	jä0ug	ina4e	sr7mb

19.

4agnä	fu2qü	di5nt	4bqüu	ga3rw	sed2r	tm7qü
ögaen	0äfid	vp9ug	üjb3t	zrs8d	esnu3	gö3jb
t6ned	i5ugö	ü3atm	bian1	mdtel	zs3ok	y1wcy
pg9uq	jabi2	led8m	zks3r	hyc3x	7doif	us5nh
4gart	q5b2r	wat8ö	äenue	o2iüj	mög8t	eüu1t
dfpi8	de3rs	dhsr3	8uand	eip6u	göbt4	pgfu3
qjöga	e4ifn	aü2mz	hne8u	dif0o	k9Lbk	od2en
4dtel	k9soz	hwcx6	van5b	ylk4p	cdoi9	hesnu
wt3ag	xm7bü	ja9nv	fg9qö	L2döm	k4öäz	wr0ag
ö7ane	tb5gu	u6Lo3	gnerx	5btrx	ea3üb	mt7en

20.

uä8es	töa9r	2übmj	bn4fe	nds1e	7isma	g6rbj
gdr4j	öiL0r	üqnts	eqb4ö	f6naä	tbatz	eni0r
schw1	kd5if	inde2	b8mzr	6uäne	p7ug5	üjban
vä6ög	tbj4n	d6uüq	b6zxw	rt1gö	äun1s	odi5p
vdok3	kL8ip	7uägq	hes6u	wt1ag	xmzbq	jab5i
vd5oc	yL5vp	cd1if	än1es	öagt5	zbm4ü	jab9u
gbat7	t8en5	fteds	oLvp7	äugö5	jü5ag	una4t
1senu	en0fu	ö6bam	5qüög	uäns3	di8nu	jqa6n
f2eds	rtagö	qü5mz	rte4u	i3nte	2zxws	h1Lkc
yk6vi	f6nie	0göqb	jüö8n	p9Lk7	fidos	une8h

21.

ga6rw	qbt4x	üqmb2	aögt2	nuä2n	if6gö	7qümz
r1sod	L9chs	n0g8q	3abmt	zrxws	e7idL	yf3äg
üqb1a	zrwx2	enu3g	öqüba	8finv	pd2es	ok9hr
m1zw7	nedsr	ta9öj	b7üga	nuä2i	vp0et	m3enu
ägb4m	7nide	L9ifn	3ägqj	b0tzm	p1ugq	ba5iv
9detm	zrs0k	ych3x	q4mzö	üget9	s0nuä	j8rhs
odifp	vLk5c	odifu	2bmzx	w6tag	uuesh	codi1
pvL2y	5qban	uä8id	Lvp1j	zmba7	u9ies	hcoLv
pier1	nat3d	7sohw	rx1mt	agö2b	jq1uf	p6vLd
7kych	2etrw	xz6an	iuöqb	jmrh6	senif	qae4y

22.

8srtb	mzw2r	ui3vf	p0erx	w7dvL	ohc6k	ua3jü
5göuf	0inua	bqgöm	bLde2	u5esh	zrso9	ychw3
mt4dL	9inab	qgu8p	y5Lvp	codi4	hs4nu	wriag
üq7mz	jöauf	nue6h	rat0w	4mbxq	i5ofc	k8ppy
ögat9	zmbq4	j5öäu	fnt3x	witan	fierx	hs3vL
pi7oy	cs1nf	u5mrh	6zmba	ua7rh	zta0b	jü3an
öif5p	äeshw	rtabz	xrei8	fntag	unt8h	w2mag
bj6un	ägat7	zmb6ü	pr1co	2seid	6inua	trw2z
mta2q	gnerx	wsdk4	x9mbq	3atrw	hse7u	fid8c
ykLv6	ö2atr	zmb1ü	jg7fp	äun1s	odifv	sr9xw

23.

hoLvi	pv0ky	4odif	unes8	wr9ag	qbm5x	3q4ög
u0piä	öatr8	hse0L	kos36	rzman	uf5vi	nedo1
5tab6	zxwhc	0sedi	fp4Ld	e5uag	qülb9	m9rta
ner9w	ztagä	f0ivL	denug	qga2m	trzx7	9soce
d1nuf	p3fvd	Lo6cy	en8ds	ohc0r	mz8wx	tan4d
bgöjq	es6uä	qb3an	uif8p	L0ods	etrz2	2wrzh
soc5k	7deni	v1fnt	ab7gu	äbjmt	ümzx1	röuae
y4hwx	zr9ok	Ld1tm	ban3v	pag1q	qgu7p	vin6b
mt2dL	ko5rz	xwh5y	üqagu	önt7r	5trso	0enif
äam2r	zm4üü	jg0uf	pv8ko	y5sen	ua3rw	xzmba

24.

ögatr	zm2qü	jöäun	uned6	1pfun	agöq3	jü5an
uäf9v	L9etm	ztnf4	4pues	h6xzt	mb6ni	dLvpä
t8esh	odi7e	2rtag	4bmzx	w6tes	odif8	0ögat
üq3at	mäfp5	idok5	esrtz	xzma3	pntzw	xr8ip
fntz3	a5gbq	7äfvL	dng7q	b1scy	2dngö	äui6v
pierx	wsd5p	fntzm	bji9d	q9eoy	cst4j	mrh5ö
xyod8	öu6Lv	fä2de	tb1aq	a7özx	wr4hc	ykodL
vif4u	göqjb	0gatr	zm5qü	jqöä6	fiL9p	d5cyk
sen3ä	a0öqj	b8zxw	rt3gö	äun7s	odifp	vLky0
ifund	e6mba	7qjüu	nif0p	4dcok	et4sh	coky9

25.

v9fpn	2göbm	zrwxö	üqj5m	tagöu	zrso2	7detm
b8niv	p1ugg	ü4bmz	rta5ö	äu8es	hod0i	v1pnt
et8gö	bqjüg	mrz1x	und3s	8tagb	mr9xz	sh3cy
ko3Li	vpfn6	7uant	esrw1	0kcyL	dnabj	qgö6f
pierx	ie4sh	rtag9	jüga0	n3äfi	wr7nu	fer6h
c2dif	rswz9	äqbjm	at2zr	i5och	senu0	ö1atr
z4bqü	jbtr1	z8anu	i5vLd	osc3r	tnf8v	ierxw
hst7q	jügne	6tshc	ode1u	2aöqb	5ünid	kLv0f
ido9h	senu4	ög4tr	z4bqü	enuä0	pinab	j3uni
xrei7	fnt2m	auä3b	jügn6	ky9ea	qbts0	hr3zx

26.

5sdvp	ie7xz	mauäg	b8qüg	ndkLi	fnt8x	wr3ip
vds4h	oLk7y	k8een	ga1oy	2stbj	üg5dk	Li6öf
puän1	tagöm	ja4iv	qa9oy	k4ngu	iLvp5	qa8sc
7rmzw	xre2p	fnt1m	a6ägb	jüg5d	Li2fv	pieoy
kdivp	10und	5csen	ta6öq	jü9nt	z6qüg	uä3id
L0pfi	n7shc	ds4zm	te3Li	v9pun	a5öbj	2bmzx
6rtag	ö7nes	h0odi	fä5vL	kyko4	idLo9	s8dLo
tr3en	abmtz	jüguä	fi6et	bain3	u7fgq	met8L
1srzo	osr4z	h5cxy	od8cf	9esuh	2töag	büm4z
xresh	ckLif	des4r	tanä8	jüg9n	tesr2	xres3

27.

din6t	7bgöu	f0vid	L1kyc	hsenu	g0trw	zmbqy
2Lkv1	0odif	ue7sh	v6rag	qmbz4	yhc3x	1sorz
7edtm	2niab	pu4gq	3abni	metdL	pei2x	w0dvL
oh8yk	ua6zt	bgq5a	u46rs	wxzt2	d8fpv	n3cse
Lo5iv	fnuet	a9ers	te3sh	cd1iL	en9ag	bqb7a
e6tag	ifn5g	3mzrt	es9dL	3hsen	rtn5g	z4bqg
atrwh	u4esh	fid2h	pv0ky	gatr8	7nate	r5ohw
zxmb4	fnt0m	a4gqb	iqgu5	piesd	nc0Lv	5ntzx
wrei4	vd1na	btmj9	ag8ni	fug6b	5mzxw	rshc1
5Livi	un6dL	vp5ab	redin	4nua5	4agbq	nu2fv

28.

pid0o	hoLd9	v7tun	agqb4	2mtrs	16inu	ate7r
bmtrz	xwr1s	Lvi1f	n5esh	wt3ag	qb1zx	tm0sr
die8u	fabtm	jz3rs	7doch	Lvin7	bts40	kychw
fu2gp	ni5vb	ed4Lm	s2ozk	1wxcy	e9det	aetm6
rshw4	o7inu	fieta	Lvpi2	d3nta	bmz6w	mz5te
3nedi	fg2at	ess5z	n4gbj	8agnu	fi8Lo	kych7
etagu	4ntab	jmte7	do5rt	d4vif	nuga3	i1ted
sohc8	rts5d	o9ena	bmz9s	whodL	3niab	qguf5
8aniv	mt6dL	zr5ok	xw4hc	ych2x	9osrz	5detm
9inab	pfug0	8kLvp	codif	5senu	w9tag	xz7bq

29.

jba6i	4pfug	q3ted	Lkos0	z6whc	y0osr	zm1ed
Lvina	b4qgu	3pvi6	ab0te	dL8os	rzxw6	cy5os
rzm4j	1dLvi	na6jq	1ufqv	ina2m	t9dLk	osrzx
whc7k	osrim	te9Lv	na7jl	qguf6	v5iab	metd2
kso7z	x2wcy	kLvp2	odifc	he5nu	bi8rx	wsdv2
oh0yk	fn8zm	jb7ug	qba60	3chyk	mrhw8	2tnfu
an3de	dL0nt	aguni	e9ifo	3mzrs	co1in	e9hwr
8agbb	j7gun	abmt4	9xwrs	h3ocy	kde3a	bmrso
Lin6b	0guni	d4tmz	rs3dL	0ufag	jb9te	soc8w
4zxmt	rt0zs	3ni4L	vfua4	bqj1t	eniuf	8rei6

30.

zt5fu	ma3gq	jirhc	yoea0	g9dkL	iufv5	agbjL
t4sed	1v4fn	guqbj	ates7	odi7n	atm5z	xw4cy
ko2te	tm1aj	niv0f	6gqbj	a2uet	5s5ch	wrt5b
jqgu2	pvLde	bjm8a	nedi6	Ld5sr	am3w	2ocse
j1qag	nief6	pdL30	e6rsz	mbat5	nifug	8jmtr
ed9na	7rsoc	hw5xr	mtab4	gq3fi	dLo2y	7sosh
4seod	7dina	bt6ja	3qnuf	ivdLe	t0anb	j8try
xw6so	chy5L	deta4	j3qga	unif8	v4Let	r7mxw
r7mxt	sen6f	gbaqj	e9ifn	un1sh	wr9ag	qb7zx
jb6ni	vp4ug	qba4i	9Ldet	my5so	8ychw	xzrs7

31.

k4det	mbjan	iv2fu	gpa0j	mt8di	v6kos	5ykos
r4xzm	jbqa0	uni5p	v86et	mz7se	disrz	te0ab
p3fgq	bnai1	Le9tm	7srok	yh6wk	1edtm	bnai6
9ugqb	bmt8n	ed5Lv	unesh	vd4wx	2strz	mr0co
s8bja	qgnd7	L6ufv	peri2	6sdvL	o0cst	bmrh8
ztnfu	abq1j	bgnf5	L3eam	zt1dk	yo9rx	wz8bg
uae6h	3sdnf	pi7oy	1iuaq	bz9dv	Loh6m	zwxrx
q6erx	oi4oh	ck2iu	fvL0h	9ieaq	g7fui	yonr4
wsch8	a2din	reo0s	wztba	gnts2	7enuh	odi5c
yL3vn	wrta1	mz0qj	agn8f	5vidL	e9tag	3rzws

32.

8det1	nifu7	qbmta	Lde8m	ksor5	yh4wx	vni2g
qmbt1	i9qgu	aqbj4	tnf0v	p4Les	ne2ia	gante
3tagw	5abgu	fnie6	sr5zm	Lo3ds	en2fy	pfu0a
6qjmt	1ndi2	3pfug	edi2t	8rmtb	j4rso	yxh1x
0rtma	ö9atr	enab0	jü7ae	6ifvL	pier5	8rtag
b7eni	de1rs	hc3dL	vp2ug	un2sh	wrta1	qb0zx
9odif	pv8ky	k7srz	mte6L	vi9ab	qög8f	ä6qüj
ban4t	e5sod	f3doc	2entr	wzx1t	göun8	jb9äu
gq8ni	de7rs	inat0	r9mbn	vL8yc	osr7h	etrz9
gf4gq	bani3	ie2sr	1mzab	ni0ug	äba9t	r8öjb

33.

1päöq	i0nLd	2tmgö	Li1pf	et0am	Lde5m	4rsen
a3tme	rzwx2	sc1Ld	ivpf0	9öqjb	nu2te	na3tu
g5qbj	a4unt	mt6na	rsod5	ko4se	3tnif	un2te
7dLvi	unat0	jab2u	fid7c	hse8u	ä6abm	L7ifn
6ranu	fid5c	ykLv4	un3sh	w2tag	vde1n	4ieoy
c3tnf	u9mrh	wotag	büjz1	ua8rh	fnts7	yo6ip
5iuam	zt4dk	yo3rx	ws8et	zm5gb	jüu4L	vf2gb
püa4u	k3srz	vie90	8teia	b7jag	unde6	pyL4y
3odif	unes6	w5tag	qbm7x	xrei6	f56zw	fi0oc
hsen9	ög8tr	7mbqü	äut6s	jbaa5	q4ufn	7qgtz

34.

sen6ö	ä8ido	vp0uü	mb9gf	q1eoy	0unes	rta9ö
xmbj8	üa7if	6fuäa	rs5dü	jb8nu	z7bqg	u1etm
ko3en	id2sr	zr2nu	iesc1	kd0er	9deta	nu8qj
b7uvp	Ldf6z	zwhc9	zre8b	4ufvö	put6s	oüma5
ban3f	2idso	z9edL	ychs0	wx9mb	jü8iL	dnuö6
0tagu	n9shw	fi7Lk	yc9vf	pie8u	ug4sh	wrta3
qb2zx	1gndk	äu0mr	jba9i	pv1ky	xzm0q	un2sh
bd1sh	wrt0i	e5dsr	4namr	zte3o	sLin2	ag1qm
zxwh0	od9fn	ugqb2	i1pvL	k5shc	yw3zr	jb4üu
vi6et	mbö5	uäq4m	3xwrt	ag2ne	1hcod	10pvL

35.

3xcos	hwr2x	6tenu	jf7öb	jünd9	mte7L	6inab
qg5fp	äune4	rt3gü	x2bqj	2abqö	fi4en	a3xwh
cy1od	2virf	8göpb	pv8ky	odif7	n6shw	5tagö
üq4mz	jb3gu	ä3bts	denu5	jbg4f	pvL3y	chw4z
rsck5	j9ani	8pfug	qb7te	dL.ko6	rz5ws	cyk4d
Lv4fp	6gane	r5mrq	jüu9d	oh0äb	1fvLd	rt0ni
dent9	mte8a	zdien	fu6ie	dszr5	os9rz	nat6d
Lv8fu	ä6bte	agü7j	ban1t	0zmte	do9yk	Ldiv9
pf7öq	6ünid	Lvpi6	nues8	w7tzx	2abqg	üqb3z
4enuf	pv2ky	cadi1	u0esh	9rtag	pb8jm	z7nes

36.

häw7t	9xmba	nuü8i	vpfü2	sh1yk	o6swr	m3äjn
2denu	fie5f	ztnu0	vi9es	yc8wx	zm8qg	äa0dL
v9üjm	o8edn	5rteh	ma7bj	qg4fp	vina3	mte2L
1osrz	xh0xc	kod9r	z9ani	eosr1	xwh0y	vin4j
ö5atr	enu0j	qae5y	4dnnü	jb3zx	wrta2	uü1te
docy5	0deni	2fuam	x1fni	v8Lky	c9den	at7gö
ta6un	eshc5	d4fug	3vdet	mz2so	1Lvpf	u3öjb
ag3qb	nut2d	o8hwc	9Ldet	mzx0r	x7sok	6deaq
jb5ni	üqbm4	rt3gö	ä2nme	de2an	ifuä4	m3qüg
uän9s	odL0f	vin7b	yk8vp	fiäab	jbm6x	5rtag

37.

un4sh	co3if	pvL1y	5whcy	kos4z	mt9dL	vi5ab
qg8fp	pie9x	8tnfu	äg7jq	fn5zx	wsd4p	iLoh5
rx6zt	a5edi	L8hcy	kde3a	gö1bj	1zmbq	g2atr
4enuä	5jbmz	8odif	pvLk0	yo2ag	b3trw	x6tnf
vp8nt	e6uag	3bmzx	w3tag	äu3es	ö5atr	üjbq3
u9etr	sod7L	vpfn1	rz4ws	hc5di	n6bqg	5mzxw
h4enu	qg3fp	v4nab	ma6iv	L7etm	t0dLv	ko4rz
trs8k	chwx2	rta4ö	äu7es	ü4bmj	ag5if	fvd4w
ua5zx	vds7r	tnf4d	Lo1se	r3xzt	mb5gö	jbq9u
fäne3	rtag5	zm3qü	jqi6v	baui5	z6ndk	xreo8

38.

ws8vi	ho2vd	4entz	x1mte	di6un	agb0ü	fäne4
odi1q	bani7	6dvfn	xr7ip	fnt9m	a5göj	bau5L
z5ndk	7soyc	h2edL	ko7en	iug1b	jüni5	fntz8
z7sok	d8fnä	jb0üö	nes9w	rta4ö	äu2ab	q6fpv
8mzxw	r3aöu	fi8et	nam2w	xzhs6	wr8co	xz9ed
wirte	6aerz	tnug5	büj9i	vL3är	z7tnö	9idoc
y4Lvp	un9sh	wrt3g	än61x	w0öbn	2dLvp	fnto0
hrma6	fp3d6	oeni0	un4zx	m8gjö	0fvdk	L5hcy
se0uä	tani0	er1hc	o3enu	a7zxw	7cykL	vif3u
nesh7	rta1ö	üq5bm	z9wrt	1dinu	f6vLk	L1etm

39.

b2niv	pf4gq	1rsok	ögat8	seni0	zmb4ü	jbtr8
hse2u	fi6tz	x0tab	2gufp	os2te	di3am	zwr5t
ed8nu	ä9bat	1qügf	pvin1	ten5f	Lder9	hok3c
wr7xt	m1anj	qae3y	k4ngö	öfvp6	ü2aer	sod0f
uamz2	3dLky	codi2	äun6s	rtab0	zmb4ü	xw8cy
hsen4	fi5Lv	ych7t	wrt9u	ag1mz	32sed	i4fnu
ä5jbt	auüz3	wsd7f	pier1	ztn5u	5unes	r6agö
jbt8o	kch3w	dsrz2	ycod4	v5ats	6ierx	7seip
vLoh4	ykw8z	jgui2	p6ugg	vi7ab	m9edL	kosr0
3whcy	k5srz	m6edL	vin7b	q9ifp	5ifdL	kohc5

40.

wrt9g	vi7Lo	s8nuä	0tagö	zmb4ü	jbt4x	es7hw
rso8i	Lv9fu	ägbt6	7eaqö	jqüg6	ban8d	rt9gö
z1bqg	z5bja	en7if	p8Lbs	w9ted	ina0u	7idoc
xrt8b	9dLvi	ande9	n0ifp	vd2rx	ztnu5	fä6mb
jünf8	Lde9r	zman0	pvde1	wsde8	agb9z	x0soc
kchso	wr1zx	eni3L	vf2aö	7üjba	9fvpd	Lohs00
xz1te	2amb	9Lvdf	0inau	ga2rw	0pugq	b2nvi
detm4	6osrz	xrhs8	hse0t	maö1i	v2ämz	r3anf
derh0	der1L	fü1an	p1eoy	kd3ui	bts5h	r3aby
m9rxw	e1nuf	ögab2	jü3iv	dL3sr	1seni	v2oci

41.

kos3x	ma2dL	o4enu	L7ntü	jzr0h	od2fv	pL3ch
st4qa	öqm5z	xrei2	Ldes3	wr4ag	uäg3i	tb5öf
p7doc	4Lvin	um1an	rzw3h	o4ifv	L5cyo	hwxz6
3henu	4güqm	dif6s	ztnf3	k6hwx	8mted	in8öb
2üufv	i2sr4	wen5g	ufvi6	7mbjü	öäfi4	5ierx
zt5ua	5mzxr	Ld7wh	r9naö	b5fiv	pi4s3	kch5r
mü6nv	6zwhs	t5fin	ta6öj	n7ers	z6nLo	s8rxw
ho0if	öbt9x	k4vuä	jö6ie	s7ero	Li8at	er9wh
codL6	nab7t	zx8hc	pf7gq	ba9iv	Lde1m	zrso0
ych5x	g7trö	s8nuj	9atrw	cad0v	7ntrw	8oeaq

42.

b9sch	fnt8x	r5ipv	dswr3	xt6gu	äq6jt	8nüqn
kc9od	erw0c	vint1	kosr8	pier9	odna0	ögat9
zm1qü	jba3ä	1iert	7ufil	v9fna	mb0gu	1erwh
sok2c	9Lvif	0ntse	1srzt	0gane	d2uög	üb4zx
rt7gu	fies8	co6Lv	1ieso	k2ngb	at3so	de0uö
jüf1i	L2etm	e1din	tr3hw	x5zag	b2öif	p9bqg
tmj1x	wso2h	ykdn3	fiv4d	oc1kh	2rzta	bm3xw
1vLky	fidoc	u9esh	g6trw	qbm6z	p8ugq	vi9ab
Ld0tm	ko1rz	2chwc	3cLvp	4odif	h2enu	wrt1a
xz0bq	5unez	g3atr	2qümz	jrd1n	qg7fp	7aniv

36. Klartext

Als Klartext kommt nur solcher in Frage, der mit bekannten Abhandlungen aus den Dienstvorschriften oder Unterrichtspensen nicht im Zusammenhang steht.

Die Geschwindigkeitskontrolle wird durch Abzählen eines vorgearbeiteten Textes vorgenommen. In gewissen Abständen werden 40 Buchstaben abgezählt, und während der Abgabe kann nach Uhr und Zeittafel (S. 91) das Tempo ermittelt werden.

1. **V 001**

Als glückliche Bestimmung gilt es mir heute, dass das Schicksal mir zum Geburtsort gerade Braunau am Inn zuwies. Liegt doch dieses Städtchen an der Grenze jener zwei deutschen Staaten, deren Wiedervereinigung mindestens uns Jüngeren als eine mit allen Mitteln durchzuführende Lebensaufgabe erscheint.

Deutschösterreich muss wieder zurück zum grossen deutschen Mutterlande, und zwar nicht aus Gründen irgendwelcher wirtschaftlichen Erwägungen heraus. Nein, nein: Auch wenn diese Vereinigung, wirtschaftlich gedacht, gleichgültig, ja selbst wenn sie schädlich wäre, sie müsste dennoch stattfinden. Gleiches Blut gehört in ein gemeinsames Reich. Das deutsche Volk besitzt solange kein moralisches Recht zu kolonialpolitischer Tätigkeit, solange es nicht einmal seine eigenen Söhne in einen gemeinsamen Staat zu fassen vermag. Erst wenn des Reiches Grenze auch den letzten Deutschen umschliesst, ohne mehr die Sicherheit seiner Ernährung bieten zu können, ersteht aus der Not des eigenen Volkes das moralische Recht zur Erwerbung fremden Grund und Bodens. Der Pflug ist dann das Schwert, und aus den Tränen des Krieges erwächst für die Nachwelt das tägliche Brot.

2.

In der Wollindustrie von Yorkshire ist nach neunwöchigem Lohnkampf eine Art Burgfrieden zustande gekommen. Die Gewerkschaften mussten zwar fast ausnahmslos die Lohnabschläge, wie im MacMillan-Gutachten gutgeheissen, anerkennen, doch ist fraglich, ob damit die Gestehungskosten genügend herabgedrückt worden sind. Im allgemeinen ist das jahreszeitliche Geschäft sehr schleppend, verhältnismässig gut ist der

Auftragsbestand in gewissen Teilen der schottischen Wollindustrie, vorzüglich für Tweeds.

Die Baumwollindustrie steht im Zeichen der einschneidenden Rohstoffpreissenkung, | des indischen Boykotts und des anhaltenden Silberpreisrückgangs. Dementsprechend decken die Spinnereien nur den allernotwendigsten Rohstoffbedarf ein, während sich andererseits das Geschäft in Manchester fast mit allen Überseemärkten auf verhältnismässig kleine Partien beschränkte. Die Wirkwarenindustrie um Leicester ist mässig beschäftigt. Die Umsätze in Spitzen und Stickereien in der Nottingham-Industrie waren verhältnismässig günstig. In Anbetracht der Tatsache, dass mit dem 30. Juni die Geltungsfrist der Spitzenzölle abläuft, herrscht aber auch in dieser Industrie betreffs der Zukunft eine gedrückte Stimmung vor. Nur in Kunstseideartikeln hat sich der Bedarf nennenswert gehoben, so dass mehrere grosse Fabriken den Vollbetrieb wieder aufnehmen konnten.

3.

V 002 Die Teilscheibe, ein wesentlicher, jedoch überaus schwacher Punkt der Fernsehapparate, deren geringste Abweichung von der vorgeschriebenen Drehzahl die empfangenen Bilder verzerrt, ist durch die Erfindung Dr. Zworykins von der Westinghouse-Company überwunden. In dem von ihm konstruierten Bildempfänger wird das Bild nicht mehr mit Hilfe der Schlitzscheibe aus einzelnen Lichtpunkten zusammengesucht, sondern ein Strahlenbüschel einer Kathodenlampe zeichnet das Bild auf einen Leuchtschirm.

Der Sender des neuen Apparates ist einem Kinoapparate ähnlich, der den Filmstreifen mit den zu übertragenden Bildern mit sich gleichbleibender Geschwindigkeit abrollt. Aufgelöst wird das Bild in horizontaler Richtung vermittels eines dünnen Lichtstrahles. Seine hin-und hergehende Bewegung wird durch einen mitschwingenden Spiegel abgefangen, so dass hinter dem Filmstreifen der Lichtstrahl als ruhender Punkt auf eine Photozelle fällt. Die in der Photozelle entstehenden Stromstösse werden verstärkt und auf dem üblichen Wege.

4.

Dieses wurde durch Versuche mit künstlichen Blitzen von Höchstspannung über einer künstlichen Landschaft festgestellt. Die Chancen, vom Blitze getroffen zu werden, sind so gering, dass die Millionen in dieser Verhältniszahl ruhig vermehrt werden könnten, denn ein paar Millionen machen hier nichts aus. Ganz ängstliche Leute wohnen zur Vorsorge zweckmässig in einem der jetzt modernen Stahlhäuser, denn dort sind sie am sichersten. Doch auch die Häuser, die mit Wasserleitung oder elektrischen Leitungen versehen sind, geben bereits die nötige Sicherheit. Werden solche Häuser vom Blitze getroffen, so kann wohl Feuer entstehen, die Einwohner nehmen aber sonst keinen Schaden. | Der gefährlichste Ort während eines Gewitters ist ein einsamer, von keinen Bäumen bewachsener Hügel. Dagegen kann ein Haus, welches von anderen Baulichkeiten umgeben ist, höchstens einmal in 1000 bis 2000 Jahren getroffen werden. Ist man ein Angsthase, so halte man sich während eines Gewitters nicht in der Nähe von Wänden, in denen Wasserleitungen oder elektrische Leitungen verlegt sind, auf, auch vermeide man den Aufenthalt zwischen zwei metallischen Leitern, z. B. dem Heizkörper und der Kanalisationsleitung. Ein sicherer Platz ist unter einem eisernen Bette, doch auch ein anderer Ort ist überaus sicher, sofern er mit einem Ventilationsschacht, der bis zum Dache reicht, versehen ist. Dieser Schacht wirkt an sich als Blitzableiter. Schwitzt man während eines Gewitters, so verringern sich die Chancen, von einem Blitze Schaden zu nehmen, denn feuchte Körper sind bessere Leiter als trockene und leiten den Blitz in die Erde. Allerdings soll man keine Schuhe dabei anhaben.

5. **V 003**

Auf die Erbsensuppe, besonders wenn sie dank einer genügenden Einlage von Speck oder Pökelfleisch recht fett war, lässt man der besseren Bekömmlichkeit wegen zunächst einen Männerschnaps folgen. Dann aber sieht man sich nach etwas Früchteähnlichem um. Der Apfelbaum des Paradieses findet sich auf der Segelyacht nicht. (Mit Rücksicht auf die Yachtschüler muss wieder auf ein Ausspinnen dieses Vergleichs verzichtet werden.) Frisches Obst sollte man stets an Bord haben. Von der ersten Erdbeere bis zum späten Pfirsich, der — gehäutet, halbiert, ausgekernt, die Kernhöhlung mit Zucker gefüllt und letzterer mit einem kleinen Schuss Cognac gefüllt — zu allen Tageszeiten sympathisch berührt. Aber man hat ihn nicht immer — leider. Deshalb versehe man sich mit einem entsprechenden Vorrat von Büchsenfrüchten aller Sorten.

Variatio delectat. Man geniesst sie als schlichtes Kompott, auf deutsch au naturelle oder à la Milanaise, d. h. mit Milchreis, den man mit Schlagsahne und Vanillezucker sogar ins Gebiet der Schlemmerei heben kann.

Ausser Kompott wird sich in der Backskiste vermutlich auch ein Bestand von Gemüsekonserven finden. Ich will nichts gegen sie sagen, man war sehr glücklich mit ihnen.

6.

In diesem von den Strahlen deutschen Märtyrertums vergoldeten Innstädtchen, bayrisch dem Blut, österreichisch dem Staate nach, wohnten am Ende der achtziger Jahre des vergangenen Jahrhunderts meine Eltern, der Vater als pflichtgetreuer Staatsbeamter, die Mutter im Haushalt aufgehend und vor allem uns Kinder in ewig gleicher liebevoller Sorge zugetan. Nur wenig haftet aus dieser Zeit noch in meiner Erinnerung, denn schon nach wenigen Jahren musste der Vater das liebgewordene Grenzstädtchen wieder verlassen, um innabwärts zu gehen | und in Passau eine neue Stelle zu beziehen, also in Deutschland selber.

Allein das Los eines österreichischen Zollbeamten hiess damals häufig „wandern". Schon kurze Zeit später kam der Vater nach Linz und ging endlich dort auch in Pension. Freilich „Ruhe" sollte dies für den alten Herrn nicht bedeuten. Als Sohn eines armen kleinen Häuslers hatte es ihn schon einst nicht zu Hause gelitten. Mit noch nicht einmal dreizehn Jahren schnürte der damalige kleine Junge sein Ränzlein und lief aus der Heimat, dem Waldviertel, fort. Trotz des Abratens „erfahrener" Dorfinsassen war er nach Wien gewandert, um dort ein Handwerk zu lernen. Das war in den fünfziger Jahren des vergangenen Jahrhunderts. Ein bitterer Entschluss, sich mit drei Gulden Wegzehrung so auf die Strasse zu machen, ins Ungewisse hinein. Als der Dreizehnjährige aber siebzehn alt geworden war, hatte er seine Gesellenprüfung abgelegt, jedoch nicht die Zufriedenheit gewonnen. Eher das Gegenteil.

7.

V 004 Sie erzählt, wie die Vögel singen lernen, wie sie auch bisweilen fremde Arten nachahmen.

Wir gehen ins Esszimmer. Auf einer Truhe steht ein Blumentopf mit einem Nest ganz kleiner piepsender Kugeln. Auf dem Balkon hausen

Martin und Ruth, zwei junge Wildgänse, in einem Käfig Merga, ein Gänsesäger. Im Badezimmer ist die Hotelküche, wo das mannigfaltige Futter für all die verschiedenen Schnäbel: Körner, Gras, Mehlwürmer, Ratten- und Fischfleisch lagert und zubereitet wird. Martin und Ruth dürfen mitkommen und in der Badewanne planschen.

Jeden Morgen, ehe noch Publikum im Garten ist, ist Ausgang. Der Storch, die Trappen, die Gänse gehen mit den Eltern ganz artig die Treppe hinunter bis zum Teich. Die Gänse nicht eher ins Wasser, als bis die Eltern im Kahn vorangehen, so will's das immanente Gesetz gänsischen Familienlebens. Die Gänse machen ihrem Namen überhaupt wenig Ehre, sondern benehmen sich, wie ich höre, umsichtig, legen Wert auf persönlichen Umgang und lieben es, sich mit den Pflegeeltern zu unterhalten.

Verwackeln Ihnen denn die Tiere die Bilder nicht? — O ja, sehr oft. Eine Blaumeise z. B. sass wohl still, aber das Auge.

8.

Reichsbahn und den Postanstalten der Kraftpoststrecken der Deutschen Reichspost in Kraft. Zunächst werden etwa 60 Kraftpostlinien in den durchgehenden Verkehr einbezogen.

Trotz des weiteren Rückganges der Beschäftigung sieht das Institut für Konjunkturforschung in der jüngsten Entwicklung den Übergang von der Krisis zur Depression. Die Abwärtsbewegung in den Konjunkturgewerben sei in den letzten zwei Monaten nicht mehr so heftig gewesen, auch vollziehe sich der Rückgang nicht mehr so einheitlich. In einzelnen Industriezweigen sei eine Stagnation, in einigen sogar eine gewisse, wenn auch sehr geringe Belebung eingetreten. | Es dürfte sich dabei, abgesehen von Saisonbewegungen, in der Hauptsache um Reaktionen auf den vorausgegangenen starken Absturz der Beschäftigung handeln, durch den das Produktionsvolumen in den einzelnen Industriezweigen zum Teil stärker eingeschränkt wurde, als es der tatsächlichen Absatzlage entsprach.

9. V 005

Die Erträge lassen fast überall eine wesentliche Steigerung infolge der Bewässerung erkennen. Am geringsten ist dieselbe beim ausläufertreibenden Rotschwingel, wenn er auch hier insofern etwas aus dem

Vergleiche herausfällt, als er wegen Platzmangel nicht wie die anderen Gräser auf sechs Bodenarten, sondern nur auf Sand, Lehm, Ton oder Moor angebaut werden konnte, so ist seine Wachstumsbeeinflussung durch Wasser doch eine so geringe und schon durch das Auge so deutlich wahrzunehmende, dass trotzdem das Ergebnis des Versuches sichere Schlüsse auf seine diesbezüglichen Eigenschaften zulässt, wie das ja auch die allgemeinen Erfahrungen bestätigen. Seine Bedeutung als Untergras, die besonders für alle trockenen Standortsverhältnisse unzweifelhaft ist, verliert damit für feuchtere Lagen und solche mit Bewässerungsmöglichkeit, hier tritt besser das Wiesenrispengras an seine Stelle, das die höchste prozentuale Ertragssteigerung infolge Bewässerung aufweist. Ihm folgt mit 120 Proz. Mehrertrag das Lieschgras, seine Dankbarkeit gegen genügende Wasserzufuhr und damit seine Bedeutung.

10.

In Heft 9 unter: Aus der Mutterschule wird unter dem Kennwort: Mit Speck fängt man Mäuse eine Methode geschildert, die sicher viele Anhänger finden wird. Ich möchte aber einige Bedenken darüber äussern. Ich habe mit dem Geschichtenerzählen schon schlimme Erfahrungen gemacht. Zwar nicht mit meinen Kindern, aber schon als junges Mädchen mit einem Kinde meiner Arbeitgeber. Die Geschichte wurde so zur Gewohnheit, dass ohne diese überhaupt nichts mehr gegessen wurde. Die Mahlzeiten dehnten sich endlos aus, es wurde alles kalt und nun wurde erst recht nicht gegessen. Es wurde erst besser, als es mir gelungen war, das Kind der elterlichen Aufsicht etwas zu entziehen. Ich verstiess gegen alle Hausgesetze und verleitete den Jungen zu recht ausgelassenem Herumtollen im Freien. Auch schon vor dem ersten Frühstück. Und langsam wurden die Geschichten überflüssig. Es schmeckte auch so, weil ja der nötige Hunger da war. Speisen, denen das Kind mit Widerwillen begegnet, sollte man ihm nicht aufzwingen. Erfüllen denn selbst die nahrhaftesten Speisen wirklich ihren Zweck, wenn sie mit Widerwillen genossen werden?

11.

V 006 In Kreisen der Landwirtschaft tritt häufig die Frage auf, ob die Beschäftigung von Schulkindern, die während ihrer Ferien kürzere Zeit in fremden Betrieben mit ihrem Alter entsprechenden Lohnarbeiten beschäftigt werden, der Kranken- und der Invalidenversicherungspflicht unterliegt. Diese Frage ist im allgemeinen zu verneinen. Grundsätzlich ist allerdings von Schulkindern verrichtete Lohnarbeit der Versicherungspflicht in beiden genannten Zweigen der Sozialversicherung nicht entzogen. Insbesondere steht das jugendliche Alter der Schulkinder der Eingehung eines versicherungspflichtigen Beschäftigungsverhältnisses nicht entgegen, die bisher im 1226 der Reichsversicherungsordnung auf dem Gebiete der Invalidenversicherung für den Beginn der Versicherung gezogene untere Altersgrenze von 16 Jahren ist durch eine Änderung dieser Vorschrift im Gesetz vom 10. November 1933 inzwischen beseitigt worden. Sowohl die Kranken- wie auch die Invalidenversicherung sehen aber unter gewissen Voraussetzungen Freiheit von der Versicherungspflicht da vor.

12.

Die Menge brach in helles Gelächter aus, die Gassenjungen äfften den armen Alten nach, aber Karl Artur fand ihn rührend, ihn, der sich nichts anderes denken konnte, als dass der schönste Hut auf dem Markte eine vollkommen passende Kopfbedeckung für seine Tochter sei.

Das Gefährt hatte sich kaum wieder in Bewegung gesetzt, als es schon aufs neue anhalten musste. Diesmal war es ein Bewohner des Bergwerkdistrikts, ein stattlicher Mann in mittlerem Alter, vorzüglich gekleidet und mit klugem, schönem Gesicht, der eine grosse Menge Leute um sich versammelt hatte. Er stand mitten unter ihnen, sehr ernst und sehr würdig, aber dann machte er plötzlich einen hohen Sprung und knipste mit den Fingern. |

Jetzt bin ich richtig betrunken, rief er. Ei, wie lustig ist doch das.

Im nächsten Augenblick war er wieder ernst, stand eine Weile würdig und schweigend da, dann kam unerwartet derselbe Satz und dasselbe Knipsen mit den Fingern. Jetzt bin ich doch richtig betrunken, rief er wieder. Ei, wie lustig ist das doch.

13. **V 007**

Dies Flugzeug soll für die Beförderung von 130 Personen und 6000 kg Gepäck gebaut werden und wird eine Besatzung von 35 Mann haben. Mit einer mittleren Geschwindigkeit von 200 km in der Stunde soll es fliegen und wird angetrieben von zehn 1000 PS-Motoren, die den Flug von Hamburg nach New York in 37 Stunden auszuführen erlauben. Für eine derartige Reise wird es natürlich mit allem Komfort eingerichtet sein, nicht anders als die Ozean-Dampfer, die heute noch so langsam die lange Reise machen.

Ob dieses Flugzeug oder ein ähnliches jemals gebaut werden wird, wissen wir heute natürlich noch nicht. Vielleicht wird man bis dahin ganz andere Antriebsmaschinen und Flugzeugkonstruktionen entworfen haben, die für derartig schnelle und weite Reisen geeigneter sind. Heute mutet eine solche Fahrt noch wie ein Märchen an.

14.

Die Zeiten waren wie folgt: Scheiken 2:05:13, Aloha III 2:10:45, Hamburg 2:11:28.

Am vierten Tage herrschte eine gleich frische Brise wie am Vortage, Scheiken war wiederum einwandfreier Sieger, doch machte sich Hamburg an diesem Tage schon besser und konnte mit gutem Abstand vor Aloha III das Ziel passieren. Der Abstand gegenüber Scheiken hatte sich im Vergleich zum Vortage auch erheblich verringert, während der von Aloha III etwa der gleiche wie am Vortage war. Die Zeiten waren: Scheiken 2:10:14, Hamburg 2:12:23, Aloha III 2:15:30.

Am fünften Tage herrschte eine sehr leichte Brise von 1 bis 3 m/Sek., die sehr unbeständig in Richtung und Stärke war, so dass sich eine grosse Chancensegelei ergab. An diesem Tage zeigte sich Hamburg als ausgezeichnetes Leichtwetterboot, und sie konnte das Rennen mit gutem Vorsprung vor Aloha III beenden, der in grösserem Abstande Scheiken folgte. Bedauerlicherweise hatte eine Berührung mit Aloha III bei der ersten Wendemarke, die an sich nur der Hamburg zum Nachteil gereicht hätte, zu einem Protest geführt, der aus Gründen, die hier nicht näher erörtert werden sollen, zugunsten von Aloha III entschieden wurde. Die Zeiten waren: Aloha III 3:57:56, Scheiken 4:00:59, Hamburg ausgeschlossen.

15.

V 008 Dieser scheinbare Kampf zwischen zionistischen und liberalen Juden ekelte mich in kurzer Zeit schon an, war er doch durch und durch unwahr, mithin verlogen und dann aber wenig passend zu der immer behaupteten sittlichen Höhe und Reinheit dieses Volkes.

Überhaupt war die sittliche und sonstige Reinlichkeit dieses Volkes ein Punkt für sich. Dass es sich hier um keine Wasserliebhaber handelte, konnte man ihnen ja schon am Äusseren ansehen, leider sehr oft sogar bei geschlossenem Auge. Mir wurde bei dem Geruche dieser Kaftanträger später manchmal übel. Dazu kam noch die unsaubere Kleidung und die wenig heldische Erscheinung.

Dies alles konnte schon nicht sehr anziehend wirken, abgestossen musste man aber werden, wenn man über die körperliche Unsauberkeit hinaus plötzlich die moralischen Schmutzflecken des auserwählten Volkes entdeckte.

Nichts hatte mich in kurzer Zeit so nachdenklich gestimmt als die langsam aufsteigende Einsicht in die Art der Betätigung der Juden auf gewissen Gebieten.

Gab es denn da einen Unrat, eine Schamlosigkeit in irgendeiner Form, vor allem des kulturellen Lebens, an der nicht wenigstens ein Jude beteiligt gewesen wäre?

Sowie man nur vorsichtig in eine solche Geschwulst hineinschnitt, fand man, wie die Made im faulenden Leibe, oft ganz geblendet vom plötzlichen Lichte, ein Jüdlein.

16.

Tatsächlich hat sich in den letzten zwei Jahrzehnten eine Generation von Pianisten mit völlig neuem technischen und musikalischen Profil herausgebildet, eine Generation, die, mit den Stilen des letzten Debussy, Skrjabin, Busoni und Schönberg auf-, ja selbst über diese schon hinausgewachsen, sich in Vortrag, Handgelenk und spezifischen musikalischen Intellekt scharf von der vorigen unterscheidet. Ohne von einer eigentlichen Schule reden zu können — denn jeder dieser modernen Virtuosen entstammt anderer Nation, Rasse, Ausbildung und Anschauung — wird man dennoch Gemeinsames bei ihnen feststellen müssen.

Die Kardinalfrage, welcher Art die Voraussetzungen sind, denen der Pianist in der neuen Musik zu begegnen hat, ist so leicht nicht zu beantworten. Denn zu verschieden sind Richtungen, Neigungen und persönliche Schreibarten dieser Zeitgenossen. Lag bei jenem die Kompliziertheit in einer differenziert-polyphonen Diktion, so favorisierte ein anderer präziseste Rhythmen, der dritte Skalen ungewohnter Intervalle, ein vierter wiederum subtilste dynamische und kinetische Unterschiede, die eine ganz besondere Behandlung der Pedale erfordern.

17.

V 009 Allein bei der Postsparbank beträgt die Zunahme der Einlagen seit dem Jahre 1920 216 Mill. Kr. Bei den Privatbanken wurden Ende April d. J. die Kreditoren mit 3,69 und die Debitoren mit 4,49 Milliarden Kr. ausgewiesen.

Die Umsatztätigkeit an der Effektenbörse ist andauernd gering, auch die zahlreichen günstigen Geschäftsabschlüsse industrieller Gesellschaften konnten nicht einmal zeitweilig eine Belebung herbeiführen. Zum grössten Teile dürfte dieser Zustand dem Einfluss der grossen ausländischen Effektenbörsen zuzuschreiben sein. Der Rentenmarkt war von den Konversionen beherrscht. Die zwecks Konversion der 5% Staatsanleihe von 1914 erfolgten Zeichnungen auf 4½% schwedische Staatsobligationen von 1929 zu pari konnten nur zum Teil berücksichtigt werden. Die Emissionstätigkeit war in den letzten Monaten ziemlich lebhaft, und es konnten zum ersten Male seit längerer Zeit wieder mit einem Zinssatz von 4½% ausgestattete Industrieobligationen begeben werden.

18.

Und die Entnahme aus diesen sowie ihre gleichmässige Verteilung nicht unerhebliche Schwierigkeiten bereitet. Daher ist es seit Jahren das Bestreben der melasseproduzierenden Zuckerfabriken, diese durch Mischung mit anderen Futtermitteln in eine transportable und handliche Form zu bringen. Man erreicht dies am einfachsten und billigsten durch Herstellung von Melasseschnitzeln, die in der Zuckerfabrik entweder derartig dargestellt werden, dass man die Trockenschnitzel mit Melasse tränkt oder die abgepressten Schnitzel mit Melasse mischt und dann trocknet. Erstere enthalten 30—60% Melasse. Letztere bezeichnet man in der Technik als Melassetrockenschnitzel. Sie enthalten meist nur 15—25% Melasse. | Die Futterwerteinheit stellt sich in ihnen bei den heutigen Preisen auf 14 Pf.

19.

V 010 Solange nicht die Führung damals von oben fehlte, hat das Volk seine Pflicht und Schuldigkeit in überwältigendster Weise erfüllt. Ob protestantischer Pastor oder katholischer Pfarrer, sie trugen beide gemeinsam unendlich bei zum so langen Erhalten unserer Widerstandskraft, nicht nur an der Front, sondern noch mehr zu Hause. In diesen Jahren, und besonders im ersten Aufflammen, gab es wirklich in beiden Lagern nur ein einziges heiliges deutsches Reich, für dessen Bestehen und Zukunft sich jeder eben an seinen Himmel wandte.

Eine Frage hätte sich die alldeutsche Bewegung in Österreich einst vorlegen müssen: Ist die Erhaltung des österreichischen Deutschtums unter einem katholischen Glauben möglich oder nicht? Wenn ja, dann durfte sich die politische Partei nicht um religiöse oder gar konfessionelle Dinge kümmern, wenn aber nein, dann musste eine religiöse Reformation einsetzen und niemals eine politische Partei.

Wer über den Umweg einer politischen Organisation zu einer religiösen Reformation kommen zu können glaubt, zeigt nur, dass ihm auch jeder Schimmer vom Werden religiöser Vorstellungen oder gar Glaubenslehren und deren kirchlichen Auswirkungen abgeht.

20.

Wo nicht verspätetes Ausschlüpfen und Mangel an Nahrung die Entwicklung einer jungen Taube hemmt, da kann Ungeziefer eine ähnliche Wirkung herbeiführen. Deshalb muss der Züchter bei auffallendem Zurückbleiben eines Jungen Nest und Insassen auf Ungeziefer prüfen. Bestätigt sich der Verdacht, dann ersetzt man das alte Nest am besten durch ein neues, auf jeden Fall muss das Baumaterial entfernt und das Nest mit Petroleum ausgestrichen werden, ehe es neu gefüllt wird. Die mit Ungeziefer behafteten Jungen betupfen wir mit Perubalsam oder Anisöl, das mit Spiritus verdünnt wurde. | Stellt es sich heraus, dass die Schwächlichkeit eines Jungen auf Krankheit zurückzuführen ist, dann gibt es nur einen Rat: sofort töten. Eine kräftige Zuchttaube wird doch nicht mehr daraus und als Braten lohnt solcher Kümmerling auch nicht.

21.

Wenn man bedenkt, dass dem Automobildezernat des Berliner Polizeipräsidiums im Jahre 1932 etwa 2000 Autodiebstähle gemeldet wurden, während es 1933 nur 480 waren, so ist jedem Fahrzeugeigner die Gefahr bewiesen, in welcher sein mehr oder minder kostbares Eigentum dauernd schwebt. Wenn nun auch weiter berichtet wird, dass die allermeisten dieser gestohlenen Fahrzeuge den Besitzern wieder ausgehändigt werden können, so ist das nur ein schwacher Trost, denn der Zustand des betreffenden Fahrzeuges ist dann in der Regel ein sehr bedauerlicher. Nach dem Grundsatz besser bewahrt als beklagt gilt es deshalb, auf Schutzmassnahmen zu sinnen. Eine davon ist die Beseitigung der bekannten Gesetzeslücke, nach welcher widerrechtlicher Gebrauch unbestraft bleiben muss. Aber auch dann werden weiter Kraftfahrzeuge gestohlen werden. Wie schützt man also wirksam sein Eigentum?

Die weitaus meisten Fahrzeuge werden von der Strasse fortgestohlen und nicht aus der Garage heraus. Um vorliegende Arbeit möglichst kurz zu halten, wollen wir deshalb heute nicht von den Sicherungsmassnahmen für die Garagen sprechen.

Einen absolut wirksamen Schutz gegen unerwünschte Eindringlinge gibt es nicht. Auch die gut gesicherte Stahlkammer einer Bank ist zu öffnen. Alles, was wir erreichen können, besteht darin, den Diebstahl zu verzögern, nach dem alten Satze: Zeit gewonnen, alles gewonnen.

22.

Den gewaltigsten Gegensatz zum Arier bildet der Jude. Bei kaum einem Volke der Welt ist der Selbsterhaltungstrieb stärker entwickelt als beim sogenannten auserwählten. Als bester Beweis hierfür darf die einfache Tatsache des Bestehens dieser Rasse allein schon gelten. Wo ist das Volk, das in den letzten zweitausend Jahren so wenigen Veränderungen der inneren Veranlagung, des Charakters usw. ausgesetzt gewesen wäre als das jüdische? Welches Volk endlich hat grössere Umwälzungen mitgemacht als dieses — und ist dennoch immer als dasselbe aus den gewaltigsten Katastrophen der Menschheit hervorgegangen? Welch ein unendlich zäher Wille zum Leben, zur Erhaltung der Art spricht aus diesen Tatsachen?

Denn wenn auch der Selbsterhaltungstrieb des jüdischen Volkes nicht kleiner, sondern eher noch größer ist als der anderer Völker, wenn auch seine geistigen Fähigkeiten sehr leicht den Eindruck zu erwecken vermögen, dass sie der intellektuellen Veranlagung der übrigen Rassen ebenbürtig wären, so fehlt doch vollständig die allerwesentlichste Voraussetzung für ein Kulturvolk, die idealistische Gesinnung.

Der Aufopferungswille im jüdischen Volke geht über den nackten Selbsterhaltungstrieb des einzelnen nicht hinaus. Das scheinbar grosse

Zusammengehörigkeitsgefühl ist in einem sehr primitiven Herdeninstinkt begründet, wie er sich ähnlich bei vielen anderen Lebewesen auf dieser Welt zeigt.

23.

Der dem Reichsrat zugeleitete Entwurf des Osthilfegesetzes sieht die Finanzierung der Osthilfe auf drei Wegen vor: Durch Bereitstellung von Etatsmitteln (126 Mill. RM), Übernahme von Bürgschaften (Umschuldungsdarlehen 300 Mill. RM, Ablösungsscheine 250 Mill. RM, Ablösung der bisher zur Förderung der Siedlung gewährten Reichsmittel 225 Mill. Reichsmark, insgesamt 775 Mill. RM) und Gewährung von Darlehen (130 Mill. RM für die Reichsbahn zur Herstellung von Eisenbahnen in den Grenzgebieten). Das Gesetz will die Hilfe für die Landwirtschaft durch Umschuldungsmassnahmen, Betriebssicherung, Siedlungstätigkeit und Einführung eines gewissen Vollstreckungszwanges erreichen. Die Umschuldung soll nur solchen Betrieben gewährt werden, die in ihrem Bestand gefährdet sind, aber nach Lage der Verhältnisse erhalten werden können. Für die Betriebssicherung, die im Verhältnis zur Umschuldung in einem engeren Rahmen gedacht ist, kommen im wesentlichen Barmittel in Betracht, die aus Etatsmitteln zur Verfügung gestellt werden müssen. Das Gesetz für Siedlung sieht für die Fortführung der Siedlung.

24.

Die Fantasie wurde besonders durch Berichte angeregt, dass sich die J. G. Farbenindustrie auch auf dem Gebiete der Treibmittel intensiv betätigen würde. Eine bedeutsame Erfindung hatte die Gesellschaft schon in Gestalt des Motalins, auf dem Gebiete der Brennstoffverbesserung für Motorenzwecke, gemacht. Der Erfolg mit Methyl-Alkohol, der seinerzeit in den U. S. A. grosses Aufsehen erregte, zumal er der dort blühenden Holzverkohlungsindustrie schärfste Konkurrenz macht, ist bekannt. Jetzt soll auch das durch die Berginpatente bekannt gewordene Kohleverflüssigungsverfahren unter Heranziehung eigener Erfindungen der J. G. Farbenindustrie in einer neu zu errichtenden Fabrik praktisch durchgeführt werden. Wenn auch bisher nur Laboratoriumsversuche vorliegen, so ist doch bei der allbekannten Vorsicht der J. G. Farbenindustrie anzunehmen, dass dieses Verfahren so weit durchprobiert ist, dass praktische Erfolge auch in der Grossfabrikation erzielt werden und die Rentabilität

25.

In den nächsten Jahren trat der Gleitflug immer mehr zurück und der Segelflug stand im Brennpunkt des Interesses. Im Jahre 1921 flog Regierungsbaurat Harth schon 21 Minuten. Bei diesem zweiten Wettbewerb waren nicht weniger als 30 Maschinen vorhanden. Bedauerlicherweise stürzte Eugen von Lössl tödlich ab, so forderte der Wettbewerb sein erstes Opfer. Ganz unerwartete Erfolge brachte das Jahr 1922. Durch den Dreistundenflug des Hannoveraners Hentzen und die Stundenflüge von Martens und Hackmack wurden plötzlich die Augen der ganzen Welt auf Deutschland gerichtet. Es war eine Grosstat, die alle aufhorchen liess und überall in Deutschland grosse Begeisterung auslöste. Ein weiterer Schritt war getan, das Interesse bisher gleichgültiger Kreise war gewonnen und die Möglichkeit des statischen Segelfluges einwandfrei erwiesen. Man war also in der Lage, die Luftkräfte auszunützen, die entstehen, sobald Luftmassen sich gegen einen Gebirgshang bewegen und diesen durch die nachfolgenden hinaufgepresst werden. Weitere statische Flugmöglichkeiten sind vorhanden über stark erwärmtem Boden, wo die aufsteigende Warmluft die erforderlichen Kräfte liefert. Doch ist der statische Segelflug örtlich begrenzt.

26.

Es gelang unter Benutzung der vorhandenen alten guten ostpreussischen Stämme und Verschmelzung mit den eingeführten hannoverschen Verstärkungshengsten ein starkes brandenburgisches Wirtschaftspferd herzustellen, das dem aufgestellten Zuchtziel des Verbandes brandenburgischer Warmblutzüchter durchaus entspricht. Das Zuchtziel lautet: Zuchtziel ist ein starkknochiges kurzbeiniges Warmblutpferd mit genügender Tiefe und Rippe, geraden und geräumigen Gängen und mit ruhigem Temperament. Wer die 137 zur Zeit in der Provinz aufgestellten im Lande gezogenen also bodenständigen starken Gestüts- und Privatbeschäler betrachtet, wird zugeben müssen, dass hier das starke Wirtschaftspferd das Pferd, das, wie man in Süddeutschland sagt, Herr und Bauer zugleich ist, das also sowohl in Vollendung die landwirtschaftlichen Arbeiten ausführt, wie auch flott vor dem Wagen traben kann, geschaffen ist. Die letztjährige Fohlenauktion in Wilsnack, die trotz den der Pferdezucht so ungünstigen Zeiten, einen Durchschnittserlös von 300 Mark pro Fohlen brachte, zeigt, dass die oben angeführte Tatsache auch von seiten der brandenburgischen Verbraucher anerkannt und entsprechend ausgenutzt wird. Auch das Versuchsgut der Landwirtschaftlichen Hochschule Berlin in Koppehof hat sich in den letzten Jahren auf den Auktionen in Wilsnack mit Fohlen versorgt, die jetzt als herangewachsene starke Stuten den Studierenden der Landwirtschaft und allen sonstigen interessierten Besüchern das starke brandenburgische Pferd vor Augen führen.

27.

Diejenige aus Deutschland blieb mit rund 40000 Dollar zu rund 39000 Dollar ungefähr stabil, diejenige aus Holland stieg von rund 32000 Dollar auf rund 40000 Dollar. In weitem Abstand folgten in beiden Jahren Italien, Belgien und Norwegen. In Schreibpapier stand Holland mit rund 82000 bzw. 94000 Dollar an der Spitze, ihm folgte Deutschland mit rund 57000 bzw. rund 38000 Dollar. In Überdruckpapier stehen die Vereinigten Staaten von Amerika mit einer Menge von 20 bis 25 Millionen (engl.) Gewichtspfund weitaus obenan. Mit Ausnahme von Überdruckpapier, das aus Europa nur von England in erheblichen Mengen nach Niederländisch-Ostindien geliefert wird, nimmt Deutschland in der Papierbelieferung dieses Landes keine ungünstige Stellung ein.

28.

Die Schulen dürften keinerlei Aufgaben geben. Die Kinder müssen den Sonntag als einen Freudentag erfassen. Er muss ihnen Wegzehrung für die nächste lange Woche werden.

Am Sonntag darf kein böses Wort gesprochen, kein Streit vom Zaune gebrochen werden, nur Freude spenden, von Liebe und Freundlichkeit strahlen. Gleichwie unsere Räume im Sonntagsstaate glänzen, so soll auch der Mensch äusserlich und innerlich sich vom Werktage unterscheiden. Namentlich die Eltern mögen diesen einen Tag der Woche einmal ihre Sorgen vergessen und sich ganz ihren Kindern widmen. Nicht mit saurem Muss-Gesichte, sondern liebendem warmem Herzen.

Gleichwie ich mich des herrlichen Sonntagszaubers mit meinen Eltern noch heute dankbar erinnere, werden dies auch eure Kinder tun, wenn ihr diesen Tag ihnen voll und ganz schenkt.

29.

Heute wandere ich tief in den stillen Forst hinein und suche den Frühling.

Ganz leises Flüstern ist da erst und unsichtbares Knospenrecken. Die lieben Meisen sind lustiger geworden, und eine so ganz andere Klangfarbe ist in ihr trauliches Sitt-sitt, to-witt gekommen, so als ob darin der Frühling sich verkündete, als ob es doch nun losbrechen wollte aus der Erde. Und diese Erde selber ist so neu und rein, glänzender, und so, als ginge sie mit etwas ganz Schönem schwanger.

Wir wissen es, und doch umgibt es uns wie ein lüsternes Geheimnis, was da kommen soll. Wir träumen uns hinein in Unerreichbares, und hoffnungsvoll ist unser Frühlingsglaube. Die Natur hat neue Feuer angezündet in uns, wo doch noch die alten lustig brennen mit lichterlohen Flammen, die alten, die wir ja noch garnicht alle erfasst haben mit uns'rer Seele und deren Wärme uns gerade ahnen lässt, dass sie da sind. Aber das ist eben gerade das Rätsel, dieses gewaltige Geheimnis, das uns beständig umgibt, dieses, was die Natur aus eigentlich erst so gross und unnahbar macht. Die Natur steht nicht still, kennt keine Rast. Jahrmillionen der Zeit — eine Sekunde im Weltgetriebe und darin alles zusammengefasst, Trilobiten und Ichthyosaurus und Mensch, alles in einem Schwung der Entwicklung heraufgeworfen.

30.

Ähnlich verhält es sich auch beim Juden. Sein Aufopferungssinn ist nur ein scheinbarer. Er besteht nur solange, als die Existenz jedes einzelnen dies unbedingt erforderlich macht. Sobald jedoch der gemeinsame Feind besiegt, die allen drohende Gefahr beseitigt, der Raub geborgen ist, hört die scheinbare Harmonie der Juden untereinander auf, um den ursächlich vorhandenen Anlagen wieder Platz zu geben. Der Jude ist nur einig, wenn eine gemeinsame Gefahr ihn dazu zwingt oder eine gemeinsame Beute lockt; fallen beide Gründe weg, so treten die Eigenschaften eines krassesten Egoismus in ihre Rechte, und aus dem einigen Volke wird im Handumdrehen eine sich blutend bekämpfende Rotte von Ratten.

Wären die Juden auf dieser Welt allein, so würden sie ebensosehr in Schmutz und Unrat ersticken wie in hasserfülltem Kampfe sich gegenseitig zu übervorteilen und auszurotten versuchen, sofern nicht der sich in ihrer Feigheit ausdrückende restlose Mangel jedes Aufopferungssinnes auch hier den Kampf zum Theater werden liesse.

Es ist also grundfalsch, aus der Tatsache des Zusammenstehens der Juden im Kampfe, richtiger ausgedrückt in der Ausplünderung ihrer Mitmenschen, bei ihnen auf einen gewissen idealen Aufopferungssinn schliessen zu wollen.

Auch hier leitet den Juden weiter nichts als nackter Egoismus des einzelnen.

31.

Die im Auftrage des DLV erscheinende Sammlung Flugzeugbau und Luftfahrt ist soeben durch ein wertvolles Bändchen, Heft 12, Gleitflug und Gleitflugzeuge, Teil II: Bauanweisungen und Bauzeichnungen von F. Stamer und A. Lippisch (8 Abbildungen und 5 Tafeln) Mark 2,50 ergänzt worden.

Den bereits durch Heft 11 der Sammlung weitgehend bekannten Verfassern ist es gelungen, in diesem kleinen Werk die Konstruktion, den Bau und die Montage eines einfachen und billigen, in Bauweise und Flugbetrieb bestens bewährten Gleitflugzeuges so wiederzugeben, dass auch jeder Laie in der Lage ist, danach das Flugzeug einwandfrei herzustellen.

32.

Am 25. Februar 1935 ist dem Klageantrag entsprochen und in den Gründen ausgeführt: Das Wort Selbsthilfe bildet den Hauptteil des Firmennamens beider Parteien. An diesen Hauptteil schliesst sich nur noch die Angabe des Geschäftszweiges der Parteien. Da das Publikum langatmige Bezeichnungen nicht im Munde zu führen pflegt, so ist anzunehmen, dass das Publikum jede der Parteien kurz als Selbsthilfe bezeichnen wird. Die Parteien haben zwar ihren Sitz an verschiedenen deutschen Orten, sie erstrecken aber beide ihre Tätigkeit über das ganze Reichsgebiet. Beklagte und mit ihr das Landgericht meinen jedoch, dass eine Gefahr der Verwechselung nicht bestehe, weil die Klägerin nur Krankenversicherung, die Beklagte nur Feuer- und Sachversicherung betreibe. Dieser Ansicht kann das Berufungsgericht nicht zustimmen. Im Versicherungsgewerbe kommt es häufig vor, dass dieselbe Gesellschaft verschiedene Arten von Versicherungen betreibt. Das Publikum wird daher annehmen, dass die Klägerin ihre Versicherungsbetriebe auch auf Feuer- und Sachversicherung erstreckt habe, und daher die Beklagte für identisch mit der Klägerin zu halten geneigt sein. Klägerin ist die ältere Firma, sie bediente sich befugterweise des Firmennamens Selbsthilfe, als die Beklagte in den geschäftlichen Verkehr eintrat und einen Firmennamen annahm und benutzte, welcher geeignet ist, Verwechselungen mit der Firma der Klägerin hervorzurufen.

33.

Wehrmauer und Wallgraben umhegen dieses Bürgertum. Auch sie sind nur noch Sinnbilder der vorigen Zeit, die in Helm und Harnisch den Feindesüberfall wehrte, heute unnütz und sinnlos, da sie ein einziger Mörser niederlegen kann. Dennoch ragen sie als Wirklichkeiten des Gestern und Vorgestern in das Heute und Morgen herein, wirklich und lebendig wie die Wasser des Wallgrabens. Geruhig, aber rastlos wallen diese Wasser ihren bezirkten Lauf. Und der Himmel, der sich in ihren Fluten spiegelt, ist der nämliche wie vor tausend Jahren.

Wie ein Blitz aus heiterer Bläue trifft Erkenntnis den wägenden Sinn: Was an dieser Kleinstadt so berückt und entzückt, ist nicht so sehr der Zauber ihres Alters, die Träumerei ihrer Plätze und Gassen. Sondern die Zeitlosigkeit ihrer Zeichen, der sinnlos gewordenen Sinnbilder, der unwirklichen Wirklichkeiten: Zwischen dem Gestern und Morgen gähnt keine Kluft. Der Acker vor den Toren gibt in hundert Jahren das nämliche Korn wie vor tausend Sommern, und der Himmel ist immer der nämliche. Die Sinnbilder und Wirklichkeiten sind nur Marksteine auf dem Pfade des ewigen Lebens, dessen Adern nirgends so geruhig und gleichmässig pulsen wie in der Geborgenheit dieser Kleinstadt.

34.

Von jetzt ab hat der Arbeiter nur mehr die Aufgabe, für die Zukunft des jüdischen Volkes zu fechten. Unbewusst wird er in den Dienst der Macht gestellt, die er zu bekämpfen vermeint. Man lässt ihn scheinbar gegen das Kapital anrennen und kann ihn so am leichtesten gerade für dieses kämpfen lassen. Man schreit dabei immer gegen das internationale Kapital und meint in Wahrheit die nationale Wirtschaft.

Diese soll demoliert werden, damit auf ihrem Leichenfeld die internationale Börse triumphieren kann.

Das Vorgehen des Juden ist dabei folgendes:

Er macht sich an den Arbeiter heran, heuchelt Mitleid mit dessen Schicksal oder gar Empörung über dessen Los des Elends und der Armut, um auf diesem Wege das Vertrauen zu gewinnen. Er bemüht sich, alle die einzelnen tatsächlichen, oder auch eingebildeten, Härten seines Lebens zu studieren — und die Sehnsucht nach Änderung eines solchen Daseins zu erwecken. Das in jedem arischen Menschen irgendwie schlummernde Bedürfnis nach sozialer Gerechtigkeit steigert er in unendlich kluger Weise zum Hass gegen die vom Glück besser Bedachten und gibt dabei dem Kampfe um die Beseitigung sozialer Schäden ein ganz bestimmtes weltanschauungsmässiges Gepräge. Er begründet die marxistische Lehre.

35.

Die Bewegung lehnt jede Stellungnahme zu Fragen, die entweder ausserhalb des Rahmens ihrer politischen Arbeit liegen oder für sie als nicht von grundsätzlicher Bedeutung belanglos sind, entschieden ab. Ihre Aufgabe ist nicht die einer religiösen Reformation, sondern die einer politischen Reorganisation unseres Volkes. Sie sieht in beiden religiösen Bekenntnissen gleich wertvolle Stützen für den Bestand unseres Volkes und bekämpft deshalb diejenigen Parteien, die dieses Fundament einer sittlich religiösen und moralischen Festigung unseres Volkskörpers zum Instrument ihrer Parteiinteressen herabwürdigen wollen.

Die Bewegung sieht endlich ihre Aufgabe nicht in der Wiederherstellung einer bestimmten Staatsform und im Kampfe gegen eine andere, sondern in der Schaffung derjenigen grundsätzlichen Fundamente, ohne die auf die Dauer weder Republik noch Monarchie bestehen können. Ihre Mission liegt nicht in der Begründung einer Monarchie oder Festigung einer Republik, sondern in der Schaffung eines germanischen Staates.

36.

Bei der Verarbeitung von 100 Dz. gereinigter, zerkleinerter Zuckerrüben werden 2 bis 2,5 Dz. Melasse gewonnen. Dies ergibt für das Betriebsjahr 1935/36 rund 3,8 Millionen Dz. Melasse. Es handelt sich demnach um recht bedeutende Mengen, welche jährlich im Inlande erzeugt werden. Von der gewonnenen Melassemenge wurden vor dem Kriege ungefähr 50 % verfüttert, während der übrige Teil in Entzuckerungsfabriken und zur Spiritusbereitung Verwendung fand. Die Verarbeitung der Melasse in den ersterwähnten Anlagen ist gegenwärtig stark zurückgegangen, so dass dem Landwirt ein noch grösserer Teil als früher zur Verfügung steht. Es ist daher überraschend, dass gegenwärtig nur ungefähr 30 % der gewonnenen Melasse auf den Gütern verfüttert werden.

37.

Nicht eines Grafen Zeppelin, oder hätte man gar für möglich gehalten zu fliegen, zu fliegen mit Apparaten von Tonnenschwere? Und wer hätte an drahtlose Telegraphie gedacht oder an das unfassbare Wunder des Radio? Kaum ein Jules Verne, und die Vernes sind selten im Leben, seltener in der Literatur, am seltensten vielleicht im Sport. Und doch, an dem, was die Menschheit bereits erreicht hat, an dessen zuvor nie erahnter Grösse können wir vielleicht am ehesten erfühlen, was uns alles noch erreichbar sein könnte. Als der erste Mann sechs Meter weit sprang, da dachte gewiss niemand daran, dass einmal einer über sieben springen würde, und doch können das heute viele Dutzend Menschen, und als der erste mit eigener Schenkelkraft die Sieben überbrückte, da glaubte keiner, dass

38.

Hohner hat sich im 2. Obergeschoss des Petershofes an bevorzugter Stelle eine allen Anforderungen genügende Ausstellungsfläche gesichert. Die neue Messadresse lautet: Messhaus Petershof, II. Obergeschoss, Stand 243 — 247. Durch die Angliederung der Koch A.-G. ist die gesamte württembergische Harmonikaindustrie unter einheitlicher Leitung vereinigt. Die Grundsätze, denen Hohner seine beispiellose Entwicklung verdankt, Qualitätsarbeit in allen Preislagen und weitgehende Rücksichtnahme auf die Wünsche und Bedürfnisse der Kundschaft, können jetzt noch stärker als bisher zur Geltung kommen. Hohner zeigt auch im neuen Messheim eine überaus reichhaltige und sorgfältig zusammengestellte Qualitätsschau in Mundharmonikas und Akkordeons. Der Aufstieg der Mundharmonika zum Musikinstrument und ihre Einführung in Tausende und aber Tausende von Schulen und Vereinen ist in erster Linie auf die Qualität der Hohner-Fabrikate

39.

Überhaupt ist ein Pflitterer oder Pfleiderer im übertragenen Sinn die Bezeichnung für einen Weichling oder Hasenfuss und einen nervenschwachen Menschen, dem gleich das Wasser in den Augen steht. So bei Seb. Sailer in der Schultheissenwahl (herausgegeben von Owlglass), S. 144 Schluss. Es ist also irrig und ein nutzloses Feigenblatt, dieses gut oberdeutsche Wort und Schimpfwort (vgl. ausser H. Fischer, Schw. Wörterbuch, besonders auch J. Chr. Schmid, Schw. Wörterbuch S. 63 und die schon genannte entscheidende Belegstelle bei Sailer) abzuleiten von der blide (blida), der Bleide, Steinschleudermaschine, (balista maior). Die Armbrust handhabt der Armbruster, nicht der Armbrusterer. Wer die Bleide bedient, würde auch bloss der Bleider und nicht der Bleiderer heissen, wenn das Wort auf schriftlicher Überlieferung des 13. und 14. Jahrhunderts überhaupt belegt wäre.

40.

Der landwirtschaftliche Betrieb ist ein in sich geschlossenes, organisches Ganzes, bei dem alle Einzelzweige wie Acker-, Wiesen- und Weidenbau, Anbau von Grünfutterpflanzen, Tierzucht usw. eng miteinander zusammenhängen. Jeder ist vom andern abhängig, keiner kann ohne den andern erfolgreich bestehen. Eine übermässige Bevorzugung des einen muss unbedingt dem anderen schaden.

So erfolgte die einseitige Bewertung des Ackerbaues in Deutschland auf Kosten der Grundlandflächen, wir vermochten mit dem Ertrag der noch gebliebenen Grünfutterschläge unsern Viehstand nicht zu ernähren und gerieten in die schwerste Bedrängnis. Aus der Not aber haben wir gelernt, das ständig wachsende Interesse für einen ausgedehnten Grünfutterbau tritt in der Grünlandbewegung und allen damit zusammenhängenden Bestrebungen zutage. Viel gute Pionierarbeit ist in dieser Hinsicht in den letzten Jahren geleistet, die guten Grünfutterschläge, die Wiesen und Weiden unserer landwirtschaftlichen Betriebe legen davon ein beredtes Zeugnis ab. Der Ruf: Baut Grünfutterpflanzen. Pflegt Euere Wiesen und Weiden, ist nicht ungehört verklungen. Wir sind in dieser Hinsicht Gott sei Dank ein gutes Stück vorangekommen.

41.

In dem Reichsgesetz über den unlauteren Wettbewerb vom 7. Juni 1909 — das das früher geltende Gesetz vom 27. Mai 1896 ersetzt hat — befasst sich 12 mit dem sog. Schmiergelderunwesen, d. h. mit der gesetzlichen Regelung betreffend die Bestechung von Angestellten und Beauftragten. Nach 12 wird mit Gefängnis bis zu einem Jahr und mit Geldstrafe oder mit einer dieser Strafen bedroht, wer im geschäftlichen Verkehr zu Zwecken des Wettbewerbes dem Angestellten oder Beauftragten eines geschäftlichen Betriebs Geschenke oder andere Vorteile anbietet, verspricht oder gewährt, um durch unlauteres Verhalten des Angestellten oder Beauftragten bei dem Bezug von Waren oder gewerblichen Leistungen eine Bevorzugung für sich oder einen Dritten zu erhalten.

42.

Die Tätigkeit der wissenschaftlich-technischen Hilfsarbeiterin wird meist für die Arbeit im Schaumuseum in Anspruch genommen. Dieses bildet eine Ergänzung vom botanischen Garten. Manche Pflanzen, die in unserem Klima nicht ~~die~~ heimatliche Grösse erreichen, weder blühen noch fruchten, denen infolgedessen auch Samen und Nutzprodukte fehlen, sieht man hier in der Schausammlung. Diese besteht aus einer Aufstellung der natürlichen Pflanzensysteme nach Engler, der Pflanzengeographie, der Biologie, der Nutzpflanzenabteilung, der Nutzpflanzen der deutschen Kolonien usw.

43.

Eine Lokomotive oder glühende Flugasche, eine umgeworfene Stalllaterne, ein achtlos weggeworfenes Streichholz genügen, um ein Feuer zu verursachen, welches unter Umständen alle Gebäude des landwirtschaftlichen Betriebes vernichten kann, sind solche Unglücksfälle bei Wandungen und Bedachungen aus Stahlblech viel seltener. Stahlbauten bedingen wegen ihrer hohen Feuersicherheit eine Herabsetzung der Prämien der Feuerversicherung. Ferner bilden Stahlbedachungen bei richtiger Erdung ein absolut sicheres Mittel gegen Blitzgefahr. Sie schützen die Ernte vor Witterungseinflüssen und erhöhen die Lebensdauer der landwirtschaftlichen Maschinen.

44.

Strassen: Das warme Frühlingswetter hat in kurzer Zeit mit dem Schneefall der letzten Woche aufgeräumt. Im Mittelland, Jura und in den Voralpen sind die Strassen schneefrei. Die höher gelegenen Alpenstrassen sind nach wie vor unpassierbar. Die wichtigsten Verkehrswege zeigen am 28. März 1934, morgens, folgendes Bild:

Toggenburg: schneefrei. Strasse Rapperswil-Lichtensteig, schneefrei.

Schwyz: Hauptverkehrswege überall ohne Schnee. Strasse Einsiedeln-Ibergeregg ohne Ketten befahrbar bis Oberiberg. Wäggital schneefrei.

Glarus: Talstrasse und Sernftal ohne Schnee. Zufahrt zum Klöntaler See offen bis Rodannenberg am Ostende des Sees. Kerenzerberg, schneefrei.

Gotthard: Nord- und Südseite sind bis zu den Einladestellen der Gotthardbahn Göschenen und Airolo schneefrei.

Innerschweiz: Brünig, schneefrei. Ausflugsorte um Luzern: Seelisberg, Bürgerstock, Engelberg und Eigental, ohne Schnee.

Berner Oberland: Schneefrei sind: Interlaken-Grindelwald, Interlaken-Beatenberg, Spiez-Kandersteg, Spiez-Zweisimmen-Saanen und Abzweigung Zweisimmen-Lenk. Die Grimselstrasse im Haslital ist ohne Ketten befahrbar bis Guttannen, evtl. bis Kraftzentrale Handeck. Schallenberg ist bis auf kurze Strecken schneefrei, öffnet in ca. 8 Tagen. Gurnigelbad, Zufahrt schneefrei, auf Freiburger Seite ist die Strasse offen bis Zollhaus, resp. Schwarzsee. Jaunpass unpassierbar.

Berner und Neuenburger Jura: Überall befahrbar ohne Ketten.

45.

Die Bewegung hat die Achtung vor der Person mit allen Mitteln zu fördern; hat nie zu vergessen, dass im persönlichen Wert der Wert alles Menschlichen liegt, dass jede Idee und jede Leistung das Ergebnis der schöpferischen Kraft eines Menschen ist, und dass die Bewunderung vor der Grösse nicht nur einen Dankeszoll an diese darstellt, sondern auch ein einigendes Band um die Denkenden schlingt.

Die Person ist nicht zu ersetzen, sie ist es besonders dann nicht, wenn sie nicht das mechanische, sondern das kulturell-schöpferische Element verkörpert. Sowenig ein berühmter Meister ersetzt werden kann und ein anderer die Vollendung seines halbfertig hinterlassenen Gemäldes zu übernehmen vermag, so wenig ist der grosse Dichter und Denker, der grosse Staatsmann und der grosse Feldherr zu ersetzen. Denn deren Tätigkeit liegt immer auf dem Gebiete der Kunst; sie ist nicht mechanisch anerzogen, sondern durch göttliche Gnade angeboren.

46.

Der Vollstreckungsschutz, der praktisch nur bis zum 31. 12. d. J. gewährt und nur solchen Betrieben zugute kommen wird, deren Erhaltung sowohl im Interesse der Gläubiger wie auch der Schuldner liegt, soll unter Mitwirkung sogen. Landstellen das Erreichen eines individuellen Akkords erleichtern.

Im Reichskabinett wurde die Durchführung der Standardisierung der landwirtschaftlichen Erzeugung durch Schaffung eines Rahmengesetzes erwogen, das Einzelgesetze für die einzelnen Erzeugnisse erübrigt und die Einzelregelungen im Verordnungswege vorsieht.

Mit Wirkung vom 26. 5. wurde der Zollsatz für Roggen auf 15 (9) RM und der für Gerste zur Viehfütterung unter Zollsicherung 12 (10) RM je Doppelzentner festgesetzt.

47.

Wieder einmal steht die Leipziger Frühjahrsmesse, die grösste Warenschau der Welt, vor der Tür, und die Frage, wie sie sich voraussichtlich geschäftlich gestalten wird, beschäftigt die Gemüter von rund 10000 deutschen Fabrikanten, die auch diesmal wieder ihre neuesten und besten Erzeugnisse in Leipzig zur Schau stellen werden. Im Gegensatz zu der kleineren Herbstmesse stellt zum Frühjahr auch die Schwerindustrie, d. h. die Maschinen- und Werkzeugmaschinenindustrie unter Führung ihrer Spitzenverbände, des Vereins Deutscher Maschinenbauanstalten und des Vereins Deutscher Werkzeugmaschinenfabrikanten, geschlossen aus, und die zum Teil geradezu riesenhaften Maschinenkolosse, die sie zeigt, sind zur Stunde schon in Montage, zumindest aber auf dem Transport begriffen. Denn anders wie bei wochen- oder monatelangen Ausstellungen in anderen Städten ist bei Beginn der Leipziger Messe alles fertig.

48.

Ich sprach dreissig Minuten, und was ich früher, ohne es irgendwie zu wissen, einfach innerlich gefühlt hatte, wurde nun durch die Wirklichkeit bewiesen: ich konnte reden! Nach dreissig Minuten waren die Menschen in dem kleinen Raum elektrisiert, und die Begeisterung äusserte sich zunächst darin, dass mein Appell an die Opferfreudigkeit der Anwesenden zur Spende von dreihundert Mark führte. Damit aber war eine grosse Sorge von uns genommen. Die finanzielle Beschränkung war ja in dieser Zeit so gross, dass wir nicht einmal die Möglichkeit besassen, für die Bewegung Leitsätze drucken zu lassen oder gar Flugblätter herauszugeben. Nun war der Grundstock gelegt zu einem kleinen Fonds, aus dem dann wenigstens das Notdürftigste und Notwendigste bestritten werden konnte.

Allein auch in einer anderen Hinsicht war der Erfolg dieser ersten grösseren Versammlung bedeutend.

Ich hatte damals begonnen, dem Ausschuss eine Anzahl frischer junger Kräfte zuzuführen. Während meiner langjährigen Militärzeit hatte ich eine grössere Menge treuer Kameraden kennengelernt, die nun langsam auf Grund meines Zuredens in die Bewegung einzutreten begannen. Es waren lauter tatkräftige junge Menschen, an Disziplin gewöhnt und von ihrer Dienstzeit her in dem Grundsatz aufgewachsen: Unmöglich ist gar nichts, und es geht alles, wenn man will.

Wie nötig aber ein solcher Blutzufluss war, konnte ich selber schon nach wenigen Wochen Mitarbeit erkennen.

49.

Nach wie vor wird mit den planmässigen Kursflugzeugen ausser Passagieren und Post auch Fracht befördert. Die Beförderung erfolgt ebenso schnell wie bisher auf den Spezialstrecken. Beispielsweise dauert der Transport von Berlin bis Essen-Mühlheim 4, bis Köln $3\frac{3}{4}$, bis Paris $7\frac{1}{4}$ und bis London 9 Stunden, während der Schnellzug unter Zurücklegung der genannten Strecken 9 bzw. 10 bzw. 22 und 25 Stunden benötigt. Dank des Übereinkommens zwischen der Deutschen Reichsbahn-Gesellschaft und der Deutschen Luft-Hansa über den kombinierten Transport von Gütern auf dem Luft- und Schienenwege (Fleiverkehr) ist es natürlich auch weiterhin möglich, Frachtsendungen an denjenigen Orten aufzuliefern, die nicht an das von der Deutschen Luft-Hansa beflogene

Streckennetz angeschlossen sind. Die Beförderung erfolgt in diesem Falle zunächst mit der Eisenbahn bis zu dem nächstgelegenen Flugplatz und von dort mit dem Flugzeug nach dem Bestimmungsort, sofern dieser angeflogen wird. Anderenfalls erfolgt der Weitertransport wiederum mit der Eisenbahn.

50.

Die Schuheinfuhr der Vereinigten Staaten von Amerika bleibt fortgesetzt recht stark. In den ersten beiden Monaten des Jahres 1936 wurden 349993 Paar Lederschuhe im Werte von 581016 Dollar eingeführt gegen 274621 Paar im Werte von 401575 Dollar in den gleichen Monaten des Jahres 1935. Deutschland ist hauptsächlich an der Lieferung von Kinderschuhen nach Amerika beteiligt, von 37840 Paar, die im Februar 1936 eingeführt wurden, entfielen nicht weniger als 36840 Paar auf Deutschland. In den anderen Schuhsorten war sein Absatz nach den Vereinigten Staaten gering, die amtlichen amerikanischen Einfuhrstatistiken führen nur 1050 Paar Herren- und Knabenlederschuhe im Werte von 2958 Dollar und 709 Paar Lederschlüpfer im Werte von nicht ganz 1000 Dollar als im Februar aus Deutschland eingeführt an. Der Hauptlieferant von Lederschuhen nach den Vereinigten Staaten ist die Schweiz, der die Tschechoslowakei, Frankreich und England folgen.

51.

Wenn irgend etwas unvölkisch ist, dann ist es dieses Herumwerfen mit besonders altgermanischen Ausdrücken, die weder in die heutige Zeit passen noch etwas Bestimmtes vorstellen, sondern leicht dazu führen können, die Bedeutung einer Bewegung im äusseren Sprachschatz derselben zu sehen. Das ist ein wahrer Unfug, den man aber heute unzählige Male beobachten kann.

Überhaupt habe ich schon damals und auch in der Folgezeit immer wieder vor jenen deutschvölkischen Wanderscholaren warnen müssen, deren positive Leistung immer gleich Null ist, deren Einbildung aber kaum übertroffen zu werden vermag.

52.

Den grössten Zuwachs weisen in Auswirkung der erfolgten Zusammenschlüsse die Gesellschaften mit einem Vermögen von über 100 Mill. RM auf. Von 16 im Jahre 1936 ist ihre Anzahl auf 22 im Jahre 1937, gleichzeitig ihr Betriebsvermögen von 3,0 auf 4,8 Mrd. RM gestiegen und damit 10 % des Gesamtvermögens aller Betriebe erreicht.

Mit der Zunahme der konjunkturellen Schwierigkeiten ist in neuester Zeit die Umgruppierung in der Industrie erneut in Fluss gekommen. Die allgemeine wirtschaftliche Lage übt einen ausserordentlichen Zwang zur Wahrnehmung aller Ersparungsmöglichkeiten aus, und am wirksamsten sind Ersparnisse durch organisatorische Zusammenfassung und Ausschaltung unrentabler Produktionsteile erreichbar. So sehen wir die Konzentrationsbewegung einmal in allen den Wirtschaftszweigen weitere Fortschritte machen, in denen sie in der gesamten Nachkriegszeit noch nicht zur Ruhe gekommen war, wie in der Montan-, der Elektro- und der Textilindustrie. Ausserdem greift die Bewegung auch wieder auf Gebiete über, auf denen in den letzten Jahren

53.

Neben diesen Kampfspielen sind in der Nachkriegszeit die drei Turnfeste München 1923, Köln 1928 und Stuttgart 1933 zu nennen, welche als die gewaltigsten und sich dauernd steigernden Glieder einer langen Kette anzusehen sind. Dem Ruf nach Einheit und Zusammenschluss 1860 der beiden Schwaben Georgii und Kallenberg folgten in Koburg bei dem ersten Deutschen Turnfest 1000 Turner. 1861 fand dann zur Erinnerung an die Eröffnung der Hasenheide im Jahre 1881 das 2. Turnfest mit 2812 Teilnehmern in Berlin statt. 1863 beim 3. Turnfest in Leipzig sprach Heinrich von Treitschke vor 20000 Teilnehmern. Das 4. Turnfest folgte dann erst 1872 in Bonn, es war das erste Fest der Deutschen Turnerschaft, die im Jahre 1868 in Weimar als Bund der Deutschen Turnvereine ins Leben gerufen worden war. In Frankfurt 1880 trafen sich 10000 Turner, die die Austragung des ersten deutschen Zwölfkampfes als den Höhepunkt der Allseitigkeit ihrer Ausbildung erlebten. Dresden 1885 sah dann 18000 Turner zu Gast und bei den allgemeinen Freiübungen 4500 Teilnehmer.

54.

Immer noch erträglicher ist das weibliche Gegenstück des Knurrhahns in der menschlichen Tierkunde. Das ist die Lachgans, die paarweis oder in Rudeln auftritt.

Man sieht sie in allen Ecken stehen; ihr kicherndes Gelächter schüttet sie aus, wenn jemand vorbeikommt — wenn jemand weitergeht — wenn jemand stehenbleibt. Mag sich der harmlose Unbeteiligte betroffen fühlen. Was liegt daran? Sie darf doch wenigstens lachen? Nüch?

Manche Leute mustern argwöhnisch ihre Kleidung, ob etwas auffällig oder nicht in Ordnung sei, sie können jedoch nichts zum Lachen Aufreizendes entdecken.

Doppelt beseligt ist die Lachpute, wenn man unwillig und verlegen wird.

Der Knurrhahn und die Lachgans sind zwei Exemplare aus unseres lieben Herrgotts Tiergarten, die noch nicht im Brehm stehen.

55.

Auch lässt es sich oft nur schwer unterscheiden, wer von diesen Leuten aus innerer Dummheit oder Unfähigkeit handelt, oder wer aus bestimmten Gründen nur so tut. Besonders bei den sogenannten religiösen Reformatoren auf altgermanischer Grundlage habe ich immer die Empfindung, als seien sie von jenen Mächten geschickt, die den Wiederaufstieg unseres Volkes nicht wünschen. Führt doch ihre ganze Tätigkeit das Volk vom gemeinsamen Kampf gegen den gemeinsamen Feind, den Juden, weg, um es statt dessen seine Kräfte in ebenso unsinnigen wie unseligen inneren Religionsstreitigkeiten verzehren zu lassen. Gerade aus diesen Gründen aber ist die Aufrichtung einer starken Zentralgewalt im Sinne der unbedingten Autorität der Führung in der Bewegung nötig. Nur durch sie allein kann solchen verderblichen Elementen das Handwerk gelegt werden. Allerdings sind aus diesem Grunde die grössten Feinde einer einheitlichen, stramm geführten und geleiteten Bewegung auch in den Kreisen dieser völkischen Ahasvere zu finden. Sie hassen in der Bewegung die Macht, die ihrem Unfug steuert.

56.

Ein Büchlein voll Sonnenschein und froher Hoffnung. In der Tat, mit dem Herzen geschrieben sind diese aus voller Lebenskunde geschöpften und von einer staunenswerten Belesenheit zeugenden Betrachtungen über den Mangel an Freude, über die Ursachen dieser Erscheinung und über die Mittel, die Freude wieder in die menschliche Gesellschaft zurückzuführen. Im Krieg und Frieden bewährt und in zwölf Sprachen übersetzt, hat sich dieses bekannteste Werk des einstigen Rottenburger Bischofs Hunderttausende von Freunden gewonnen. Der neuen Auflage hat der Verlag hübsche Taschenbuchform gegeben, in der dieses Handbüchlein froher Lebenskunde sich allen Liebhabern tiefer Gedanken und edler Sprache als angenehmer und anregender Begleiter empfiehlt.

57.

Also vollständig das lateinische Wort Index und macht Bezeichnungen wie Namenweiser und Sachweiser unnötig, falls man das Verzeichnis nicht in Unterabteilungen zerlegen will.

Gerade bei einem klassischen Philologen wie Gudemann sollte man Verständnis erwarten für unser Bestreben, Fremdwörter von unserer Sprache fernzuhalten, soweit sie überflüssig sind. Die klassische Philologie preist das feine Empfinden der Römer für Sprachreinheit und weist darauf hin, dass der Lateiner Wörter fremder Sprachen tunlichst zu vermeiden suchte. Wenn Tacitus im zweiten Abschnitt seines Agricola von Professoren der Philosophie redet, sagt er nicht, wie es üblich war, philosophiae professores, sondern sapientiae professores, um das griechische Fremdwort zu vermeiden. Auch in der Germania geht er germanischen Wörtern im allgemeinen aus dem Weg, nur das Wort framea kann er nicht durch ein römisches ersetzen. Auf solche Tatsachen weist Gudemann selbst in seinen Ausgaben des Tacitus hin.

Warum heisst man bei uns Deutschen nicht dasselbe Bestreben gut, das man beim Römer lobend anerkennt?

58.

Die gesunkene Ausfuhrtätigkeit hat notwendigerweise eine Verminderung des Devisenvorrats der Nationalbank zur Folge gehabt. Von Ende September vorigen Jahres bis Ende Mai dieses Jahres ist der Devisenbestand von etwa 6 Milliarden auf 2,1 Milliarden Lei gesunken. Die Erhaltung der Notendeckung hat jedoch keine Schwierigkeiten verursacht, da der Goldbestand gesteigert werden konnte. Der Geldumlauf hat keine nennenswerte Verminderung erfahren, die Zahlungsmitteldecke bleibt aber auch bei der gegenwärtigen wirtschaftlichen Stagnation noch zu klein.

Auch an der Effektenbörse hat die allgemeine Lage zu einer völligen Stagnation des Geschäfts geführt. Die Aktienkurse haben den niedrigsten

Stand der letzten zehn Jahre erreicht. Das andauernde Sinken der Getreidepreise ist auf die Kursbewegung von starkem Einfluss gewesen. Eine andere Ursache für die rückläufige Kursbewegung ist darin zu suchen, dass die Aktiendividenden hinter der aus der Kapitalanlage in Staatsanleihen oder Hypothekarpfandbriefen sich ergebenden Verzinsung zurückbleiben. Infolgedessen werden die festverzinslichen Werte entschieden bevorzugt. Während der Börsenumsatz in Aktien von 1140 Mill. Lei im ersten Quartal 1929 auf 164 Mill. Lei im gleichen Zeitraum 1930 gefallen ist, stieg in derselben Zeit der Wert der umgesetzten festverzinslichen Papiere von 74 auf 138 Mill. Lei.

59.

Die Erscheinung wird vielfach von den Landwirten übersehen und doch lässt sie sich bei einiger Aufmerksamkeit leicht erkennen. Die kranken Pflanzen sind in der Entwicklung zurück, die Ähren bleiben vielfach in der Scheide stecken, die untersten Blätter vertrocknen und zerschlitzen schliesslich. Später sieht man, dass die von der Streifenkrankheit befallenen Ähren taub sind, also keine Körner ausgebildet haben. In diesem Zustand ist die Krankheit sicher nicht mehr zu übersehen, ragen doch die leichten kranken Ähren senkrecht empor, während die gesunden sich infolge ihres Korngewichts neigen.

Der Erreger dieser, wie gesagt ebenfalls stark verbreiteten Krankheit lässt sich genau wie die Infektionskeime des Steinbrandes durch die Saatbeize mit absoluter Sicherheit abtöten. Zweckmässig verwendet man auch hierbei das Tauchverfahren. Genau wie beim Stinkbrand wächst der Pilz mit dem keimenden Saatkorn weiter, steigt in den jungen Pflanzen empor und ruft dann die eben geschilderten Erscheinungen hervor. Taucht man aber vorher die Gerstenkörner in eine Uspulun- bzw. Uspulun-Universal-Lösung, dann wird der Erreger sicher abgetötet werden und es gibt volle Ernteerträge.

60.

Keine Kirschblüte in Japan kann schöner sein wie diese einfache Hecke rund um die alte Mauer. Mauersteine stehen Blüten ausgezeichnet. Gegen den Himmel, gegen leuchtend grüne Wiesen oder einen dunkelblauen Berg sehen sie auch famos aus — es hängt nur davon ab, von wo man sie beschaut. Die Bienchen summten eifrig um sie herum, entzückt —

und wer würde das nicht sein? – über den nach Pflaumen duftenden Honig. Draussen frühstücken ist jetzt ein Fest. Man vergisst rein das Essen. Als ich mich heute gerade dazu niederliess, begab sich eine Tragödie. Ich musste davonstürzen, um meinen Chipmunk zu retten. Sein glatter, kleiner grauer Kopf schaute gerade über die Mauerecke, er sass vergnüglich kauend, ohne von meiner Anwesenheit Notiz zu nehmen. Da glitt ein gelbes Ding durch das Gras. Ich sprang auf – zugleich mit dem Kater. Es gab eine wilde Balgerei zwischen den Zweigen, dann fischte Boo-boo meinen armen kleinen Freund aus einer Mauerritze. – Seine Unterseite war nach oben gekehrt.

61.

Ich selbst besass damals nur eine einzige Sorge: Wird der Saal gefüllt sein, oder werden wir vor gähnender Leere sprechen? Ich hatte die felsenfeste innere Überzeugung, dass, wenn die Menschen kommen würden, der Tag ein grosser Erfolg für die junge Bewegung werden müsse. So bangte ich dem damaligen Abend entgegen.

Um 7.30 Uhr sollte die Eröffnung stattfinden. 7.15 Uhr betrat ich den Festsaal des Hofbräuhauses am Platzl in München, und das Herz wollte mir fast vor Freude zerspringen. Der gewaltige Raum, denn gewaltig kam er mir damals noch vor, war mit Menschen überfüllt, Kopf an Kopf, eine fast zweitausend Menschen zählende Masse. Und vor allem — es waren die gekommen, an die wir uns wenden wollten. Weit über die Hälfte des Saales schien von Kommunisten und Unabhängigen besetzt. Unsere erste grosse Kundgebung war von ihnen zu einem schnellen Ende bestimmt worden.

Allein es kam anders. Nachdem der erste Redner geendet, ergriff ich das Wort. Wenige Minuten später hagelte es Zwischenrufe, im Saal kam es zu heftigen Zusammenstössen, eine Handvoll treuester Kriegskameraden und sonstige Anhänger schlugen sich mit den Störenfrieden und vermochten erst nach und nach einige Ruhe herzustellen. Ich konnte wieder weitersprechen. Nach einer halben Stunde begann der Beifall das Schreien und Brüllen langsam zu übertönen.

62.

Soeben ist die Betriebsanleitung für das neue D-Rad Sport R 10, in handlichem Taschenformat und mit haltbarem weichen Kalikoeinband erschienen. Sie enthält alles Wissenswerte über das neue Modell und seine Behandlung. Deshalb ist das Büchlein für jeden Besitzer dieser Maschine unentbehrlich und für Interessenten von besonderem, informatorischem Wert.

Leitfaden für Azetylenschweisser. Von Ingenieur Theo Kautny und Dr.-Ing. H. Holler. Verlag Carl Marhold, Halle an der Saale. 256 Seiten, mit 314 Bildern. In Leinen 5,20 RM.

Alles, was man in der Praxis theoretisch und praktisch von Azetylenschweissen wissen muss, ist in der 10. Auflage klar und übersichtlich zu finden. Es ist ein vollkommener, tadelloser Leitfaden und Lehrmeister auf diesem Gebiet.

Das Citroën-Reparaturhandbuch. Herausgegeben von der Citroën-Automobil-A.-G., Köln-Poll. Preis 12.70 RM.

Viel wurde in den letzten Jahren vom Kundendienst im Automobilfach geschrieben und unleugbar sind in jüngster Zeit sachlich wertvolle Fortschritte erzielt worden. Nimmt man aber das Citroën-Reparaturhandbuch zur Hand, so erhält man erst einen Begriff davon.

63.

Liebe für das Leben in der Natur wird ihm geweckt. Bei zweckmässiger Anleitung hat man die Erfahrung machen können, dass ein solcher Gartenbauunterricht von nachhaltender glücklicher Wirkung auf die Psyche des Kindes sein kann, ebenso günstig hat sich die Art dieser Gartenstunden für die körperliche Entwicklung der Kinder erwiesen. Die Gärten werden später im Raum grösser, in der Bewirtschaftung differenzierter. Sie passen sich mehr und mehr dem naturwissenschaftlichen Unterricht an. Nach Abschluss aller Kurse soll das Verständnis für die hauptsächlichsten Gartenkulturen sowie dasjenige für die Pflanze und deren biologische Verhältnisse erworben sein.

Dass eine solche Erziehung und Ausbildung angeschlossen an den obligatorischen Schulunterricht von hohem Wert ist.

64.

Erst seit April haben sich die Devisenbestände wieder erholt, und mit dem Rückfliessen von Exportdevisen konnte auch der Notenumlauf wieder geringfügig erhöht werden. Durch den dauernden Rückgang ihrer Devisenbestände sah sich die Notenbank genötigt, auch in diesem Jahre die im vergangenen Herbst begonnene Politik der Krediteinschränkungen fortzusetzen. Ihre Anlagen, die am 31. Dezember 1929 noch 1,42 Milliarden Lewa betragen hatten, gingen bis Ende April 1930 auf 1,11 Milliarden Lewa zurück und haben seither diesen Stand beibehalten. Das gegenwärtige Deckungsverhältnis des Notenumlaufs stellt sich auf rund 37%.

Der auf dem Wirtschaftsleben lastende Druck ist natürlich nicht ohne Einfluss auf die Staatskasse geblieben, die im ersten Vierteljahr 1930 nur 1209 Mill. Lewa gegenüber 1684 Mill. Lewa im Vorjahre, also zirka 28½%weniger, vereinnahmt hat. Die Lage des Staatsschatzes ist bisher befriedigend, da das Finanzjahr 1929/30 mit einem kleinen Überschuss abgeschlossen hat.

65.

Unerledigte Ausschreibungen werden bis zur Erledigung wiederholt. Die Adressen der nachstehend ausgeschriebenen Vakanzen und Bewerbungen, umfassend: Industrie, Grosshandel, Export, Import, Inland, Ausland, finden unsere Leser in dem jeder Nummer beigegebenen Schlüssel. Zuschriften können auf Wunsch aber auch unter Chiffre ausgeschrieben und befördert werden. Alsdann sind 0,20 RM Erledigungsgebühr in einem Sonderumschlag beizufügen, der gleichzeitig die verschlossene Zuschrift enthält. Der Sonderumschlag muss die Bezeichnung tragen: Verlag: Die Hanse, Moritz Müller, Hamburg 3, Dammtorstraße 7. Angebote und Bewerbungen von Interessenten für den 2. Teil der Vertreterzeitung: Versicherungsvertretungen werden nur unter der vorgesetzten Chiffre befördert (s. die bes. Anm. in dieser Rubrik).

66.

Ich halte es für unbedingt richtig, dass man den Kindern, sobald sie in die Schule kommen, ein kleines Taschengeld gewährt. Bei uns geschieht es so: am Sonntag erhalten die Kinder pünktlich ihr Geld, und zwar gibt es im ersten Schuljahr wöchentlich 10 Pfennig, steigend alle Jahre nach der Osterversetzung um 10 Pfennig wöchentlich. Davon müssen sie bezahlen: Hefte, Federn und alle anderen Kleinigkeiten für die Schule. Sie lernen dadurch ihre Utensilien schonen, andernfalls müssen sie aus eigenem Geldbeutel neue anschaffen. Es ist ihnen auch gestattet, ab und zu Süssigkeiten zu kaufen, nachdem mit Mutti überlegt, ob es notwendig und das Geld wert ist, dabei lernen sie den

Geldwert richtig einschätzen. Über jeden Pfennig wird Buch geführt (Einnahme sowohl wie Ausgabe) und monatlich Bilanz gemacht. Sind reichlich Nickel da, wechsle ich es in Silber um, das erhöht noch den Reiz der Sparsamkeit. Ganz besonders gross ist die Freude, wenn kleine Geburtstagsgeschenke für Vater oder Mutter aus eigenem Kapital gekauft sind. Nach meiner Erfahrung ist das Taschengeld der Kinder in der Erziehung von grossem Wert, sofern man sie den richtigen Gebrauch lehrt.

67.

Und nun ergriff ich das Programm und begann es zum ersten Male zu erläutern.

Von Viertelstunde zu Viertelstunde wurden die Zwischenrufe mehr und mehr zurückgedrängt von beifälligen Zurufen. Und als ich endlich die fünfundzwanzig Thesen Punkt für Punkt der Masse vorlegte und sie bat, selber das Urteil über sie zu sprechen, da wurden sie nun eine nach der anderen unter immer mehr sich erhebendem Jubel angenommen, einstimmig und immer wieder einstimmig, und als die letzte These so den Weg zum Herzen der Masse gefunden hatte, stand ein Saal voll Menschen vor mir, zusammengeschlossen von einer neuen Überzeugung, einem neuen Glauben, von einem neuen Willen.

Als sich nach fast vier Stunden der Raum zu leeren begann und die Masse sich Kopf an Kopf wie ein langsamer Strom dem Ausgange zuwälzte, zuschob und zudrängte, da wusste ich, dass nun die Grundsätze einer Bewegung in das deutsche Volk hinauswanderten, die nicht mehr zum Vergessen zu bringen waren.

Ein Feuer war entzündet, aus dessen Glut dereinst das Schwert kommen muss, das dem germanischen Siegfried die Freiheit, der deutschen Nation das Leben wiedergewinnen soll.

Und neben der kommenden Erhebung fühlte ich die Göttin der unerbittlichen Rache schreiten für die Meineidstat des 9. November 1918.

So leerte sich langsam der Saal.

Die Bewegung nahm ihren Lauf.

68.

In Stadt und Landkreis gut eingeführter Vertreter wünscht die Vertretung einer leistungsfähigen Gesellschaft hauptamtlich zu übernehmen. Besonders gute Beziehungen zu Privatkreisen sind vorhanden.

Fachmamn mit15jähr. Praxis in der Lebensversicherung (Inl. u. Ausl.), bewandert in sämtl. Zweigen, grosse Organisations- und Akquisitionsfähigkeitenı, erst: Beziehungen zu Privaten, zu Handel und Industrie, nachweislicche Erfahrungen, sucht Generalvertreterposten.

Handelswertreer, 27 Jahre alt, seit 5 Jahren eingeführt bei ersten Häusern am Pllatze (nd., Gross, Detail), wünscht die Vertretung einer guten Ges. mit zu übernehmen.

Platzverttreter mit ausgedehnten Beziehungen, besonders zu Vereinen und Verbäinden. Eigenes Büro und Telefon. Würde geeignete Gesellschaft gegeen fest: Vergütung vertreten.

69.

Dazu geehört 'reilich neben gutem Willen eine Begabung, die nicht jeder hat. 'Was ıber jeder Laie wissen kann und wissen muss, ist zunächst folgtendes

Der Lehrrersol und darf keine Salonschriftmenschen dressieren wollen. Trotz Sütte:rlin und manch andrer ästhetischer Neuerungen auf diesem Gebiet kommt dies noch häufig vor. Die Schönschreibestunde in Ehren. Sie ist eine ebenso notwendiges Übel wie das Aneignen gewisser gesellschaftlicherr Forrmen, ohne die wir nun mal nicht auskommen. Aber man hüte sich, zzu glaıben, das schönschreibende Kind sei identisch mit dem charaktervcollen oder gar intelligenten. Eine kalligraphische Kinderschrift hat :für mich etwas Beängstigendes und kommt mir vor wie der blütenweissse Anzug eines Sextaners am Abend. Ich kann ihnen aus meiner langjährigen graphologischen Praxis verraten, dass Schönschreiber sich fasst inmer als langweilige Menschen entpuppten, oft als Blender.

70.

Man hat dehalb wiederholt versucht, den Feldversuch durch den Gefässversuchı zı ersetzen, zunächst ohne Erfolg, denn weder die Erträge auf den Geefäsen, noch die aus letzteren durch die Pflanzen entnommenen Nährsoffe wollten sich in Einklang mit den auf dem Felde gewonnenen Erjebnissen bringen lassen. Es sind zwei Methoden, welche das Probleım, den Nährstoffbedarf des Bodens anders als durch den Feldversuch estzustellen, der Lösung nahegebracht haben, einmal die Gefässweruchsmethode nach Mitscherlich, sodann die Keimpflanzenmethode

37. Gemischter Text

Der Anfang eines Absatzes ist mit +, das dem Anfangszeichen $\overline{\text{ka}}$ entsprechen soll, gekennzeichnet, während am Schluß des Absatzes das Schlußzeichen $\overline{\text{ar}}$ = + +, gefolgt von k oder $\overline{\text{sk}}$ erscheint.

1.

+ qah 42 boden vd2wh qft nil cbved $1/2$ 6 stoyj zdbgz lkvej wtqgj ptdsi tpdsi fxpvl $1/4$ 9 ckoxv 2 $7/5$ fgqeb gfyow iqsyh eba 373yy qaa 5 min ttt de a3v krf pigkj zjpnx hiies jfvyx zil 2 arf plz 2104 3546 mob ent ddm de dexte qao ? k zil 2 ens •—••• 4 qdm 092 pkw qam 1455 yb windig 12 km 382 $2/10$ $5/10$ s 28 749/984 d9a de dabil een oogen-oprukje van toevertrouwen, en dan strakstar, afwachtend hoofd krs qth 3 km e duplyx wenn wir heute der toten gedenken, so meinen wir ang qab zy winkelgeschwindigkeitsverhältnisse 5 tle qdr .036 avi qao 1004 300 142 11 1500 152 14 3000 158 16 lbs gmt enw qbb 95 meer schwankend pan 1 tl de0mb ög3iv pä2ne f2gba i3abj qügu5 ü3amz 5tagö fiLk6 kfs 4ateä qbi fin ducot de d7l qad ? k + +

2.

+ qtf 1401 5 km n klüpfelpförten 4 tle jvelh gtyow jvelh pzify njrvd mfrvd pyndm exhrd axopy axpoy heeis jslty luxgt luugt nhepd oxcjh qac hz niveauflächenmittelpunkt 2 tle abl zrx6s qad gh 2246 qab tb qah ? kwk 2sorz qft non obs dejav de d9p qaf ? k os2 ag1 5 fl m9e edb qth 7 km s echypse pan zil 4 ens •—••• 3 qdm 026 tom tzt san gt2rw qad kl 0534 qab ua jb2ni 4pfug öqbm6 rs8kl rsok4 6cwhc y3mtn y0jüu 7nesh wrt9x odie1 rt9gö qgd sazlykquellkamm 279 boden ttt de a4h krv ddn de daltu qap ? k zil 1 art plz 315 2456 ö4s fba cq de ddf cq gewitter er kam zum schluss auf das verhältnis zwischen krv bmt8g qbi fin qan w 8 quj 027 disop de ddt qfo ? k erk gtar4 qud mn 0439 qab ng d4p de dakus qdm ? k + +

3.

+ ioda la tarde la paso iturrioz en el hotel, y ya de noche se preparo qac spiesshirsche seehöhe daxyt de d8m qag ? k bcgse mcivp 81 — 29 oqaxk 589/4 vyflc 7 $^{4}/_{5}$ odzbj heiss zmavm 5 $^{3}/_{4}$ wmztq faa 48x73 ihhes gbxon pcizc yfcpg pan knd qab rhylquergang ttt de 6bs zil 6 ens •—••• 4 qah 3891 meer a8öun qff obs cp 987 — 1005 minus 1 gil 3 arf plz 4251 qam 2149 benthuizen regen 3 km 89 $^{8}/_{10}$ $^{10}/_{10}$ e 5 727/926 2 tle quj 034 ern radio-apparateumbaugesellschaft wie die ereignisse der letzten Zeit gelehrt haben qaa 5 min en3öq qad thessreihe 1928 qab speesedeich qdm 029 qtf 1942 5 km n reihesiel 3tle 4netd 6ychs trwx8 m0göu vpLk6 8oshw xzübq jgu2a 9aufi vpLk1 äu7es rta5ö kos enüa 5 qbi fin qan n 5 egfx 23a24 qahh qaan 28f29 brs7 eglx + +

4.

+ qah 4252 boden qft nil ttt de ä1p ita6 qae3y bt2ch m1wcz 3ntzm g0anu öqba8 jü5gu kdn3g at2qb j3uäb iü0gu kno t4amq mhti7 aetaö mptä7 pan frng üymb2 qbi fin dem germanischen und dem deutschen volke fehlt ohne zweifel der qam 1321 mn windig 18 km 2341 $^{2}/_{10}$ $^{3}/_{10}$ sw 28 736/928 qdm 008 erts 7x378 qad d8k 0421 qab d7p 4 tle duras de d8ä qad ? k knw qth 8 km s klyx zll 7 rf plz 364 589 tk5 pg9 u4g tot de wenkbrauwen zich licht samentrokken, hy wist, die groote, zwarte vrouw qgd aböckförstereihöhe 2850 meer alimz ehesi ikdsh kxbzl zuxff 8/694 fdmtp rhaqi ehths lxajb vcjro 19/8 scxvy cyuji tagnu ksd qab ms zil 8 ens •—••• 3 ifa nüg8u qad d3t 0508 qab d9g gr8 a1o 2ui v4g qac ua 4di3f 7 tle quj 058 lvy byl zon rpt sun xru omu nwx + +

5.

+ fab enu3g qbi fin ttt de hs6 eiihs 86/51 lekpv zppaq dswur 2 — 764 ydkma symlj mitpw elkeb qazhk hccjg allfo 5,876 xheed irylg kso ta9öj qft non obs pan 3 tle mot qtf 1437 4 km n oberflücht 4 tle qaa 5 min qan n

3 dies mag in einer gewissen naturanlage liegen, die sich am qao 0826 200 295 15 500 299 16 1000 302 18 pkw agz 19ifn qad d5s 0629 qab d5u rtg 3ido dntos nm7gb mt4dL zs1ok xwh2y 8zmbq n6srt aner2 kws ddp de doppi qal ? k quj 023 gmt qam 1836 fs regen 4 km 96 $^{4}/_{10}$ $^{9}/_{10}$ nw 13 742/993 lkw ras fhe xx258 ych3x zil 5 arf plz 5934 6873 dukar de d8ü ? k ksw cq de did cl gewitter qte 045 gik jdz bah lyb afx edu qab kalyx qbi fin zil 9 ens •—••• 2 nll cbh dyrak de d3ö ? k + +

6.

+ quac memphisis qan e6 ülp ttt de 3fä qdm 082 b4l r7k lok qth 4km n pfäffikon pan 3 tle dysop de d4f qah ? k vtf qbb 354 boden scharf u4tax tsos9 xlht4 4uaaä mot qtf 0528 8 km w hehesbostel 8 tle qdr 001 wx9mb jü8iL dnuö7 pie8u un4sh wrta3 pv1ky xzm0q un2sh ank ddr de divib qam ? k zil ens •—••• 3 och likväl blevo effer blaft nagra fa artionden dessa mans fantasier verklighet atf ua8id qft obs mj 828 — 937 minus 2 lkw xfghr 73846 onekg ½ 8 371/5 nadpe ngxty 9 — 283 nwbqh yxvzr xfjku vdctl luk 7sohw qad kuxkränzler 1248 qab foxplänne qah 85 boden nirgends eine klar umrissene person, wie etwa in der griechischen qaa 6 min xz6an zil 3 arf plz 245 487 qah ? qth ? 38u38 nmzx qagn qfmn zlp8 18c18 + +

7.

+ stf zm1ed qft nil pan xr3 7 $^{6}/_{8}$ gdyzx hupos uctxk afbnn chvle macib 68 — 53 qspgh tfmwh csroq fzmql ifdht gjbne mik cy5os qbi fin 3 tle mot akl qab as qan s 5 die götter haben etwas fliessendes, elementares, das in dunkle tiefe taucht rok osr4x qad d8 1248 qab d1k zil 4 ens •—••• 3 qdm 005 qam 1328 hz frost 16 km 7812 $^{1}/_{10}$ $^{3}/_{10}$ nw 9 762/1058 lkw qgd hochhaus koslyfliess 138 boden id8et rzmt0 päug9 viöa8 xeip2 fntz9 mag6n ba4gn fido8 hss9n ua8bt 7rtag dff qth 7 km e darflyckfluss 2 tle alg 5483x qad d7e 1835 qab d4d quj 073 pos 48 min ruk msinf ksenr xlegp yüoe8 ttt de xp8 zil 6 arf plz

283 461 het was dien middag de eerste mal seder maanden dat hij even voor het venster had qao 0008 300 95 5. 1500 98 8 3000 99 11 lkw + +

8.

+ qah 52 boden 7ntsw als der stille freund, der den menschen schweigsam an der hand nimmt, um qao 1325 xh 200 136 13 500 132 14 1200 122 14 xtle bkf qab polyxandersleben zil 3 arf plz 5948 2615 5 tle qam 2148 velemysleves sonnenschein 29 km 3849 $^1/_{10}$ still 759/1124 qte 032 gmi a3r9z qft non obs ttt de wö3 zil 3 ens •▬••• 8 donab de d5s durante algun tiempo, mi padre, iturrioz y yo fuimos andando por el muelle qta zx4ia qbi fin debex de d3m qtr ? k wgfep seles xjcfm ixuro lrogw phqli 12853 dhxcv nmtio qaa 6 min qft obs dr 128 – 206 plus 1 pan bob qtf 1318 6 km s hoheisel qdm 029 lkw myluj 87093 ihxzj zidwf qwovz rhyfq gbu ers5h qad freisinghees 1927 qab freiersreihe atbx ubg4 13t13 qaho qape 27b26 mda5 wklx + +

9.

+ het waren grauw uitziende, lage boorden met omgeslagen punten, daar kwam hem nbo ddv de dakke qbj ? k qft nil ttt de dä6 2 tle mot glb cq de dda cl gewitter qad dr 0825 qab hn 3 tle qdm 092 qac wt qtf 0208 2 km n reichspostministeriumsgebäude tom kgs qsa 1 2x286 axqie rfedy hncfd ysngm pan mchyq dtjru 45763 9 % cazjh ykajx uvylk aficl ldcyr kiphm mjgod ifbdo qam 0845 jp häsig 9 km 286 $^8/_{10}$ $^3/_{10}$ ssw 6 qfe 762/1021 gsg qab pk wechselstromerregungswiderstand qao 1252 fy 300 268 3 1000 272 3 2000 275 4 zil 1 ens •▬••• 5 no qbb 862 meer zerrissen dileb de d5s qte ? k qdr 035 qah 2345 meer ö3at2 qad rb 2128 qab ns 4zmbq üqmz6 ö6atre j6ufg atrs7 nido9 hs7cy 9Lvpf inab1 qgd püräxishöhe 346 meer zil 2 arf plz 4569 + +

10.

+ qaa 6 min olky9 qbi fin ttt de ön8 dzwyd 8,197 riptm ekvwo lunxv 4:325 aleqg lrfup ttick vgeem etyxl ptega gsi qth 2 km nw polyplauschen pan fbo 27xxx wrsö4 qan n 8 icc reichstelegrafenverwaltungsausschuss zi 9 arf plz 2481 3548 qaf ? aqs 2 h9oky qad bx 2032l qab fm 2 tle quj 024 f3s kg4 qtf 0726 12 km w höllexen zil 3 ens •▬••• 3 dinef de d9p gsp ddw de dimac qbn ? k 1 tl qdm 095 x8w os9 3fr he5nu qbi fin dipaf de d7f quj ? k dup uwd dyz gyk xek qac ugleisee qft non obs kgs dan dac ds0ko Lk1yk pi8oy kd8oy n2äuf 4erxw eaqb5 zxws7 vp7un e5xwh 7ocyk Ldet9 bun yhwkn iytry kjdop mctoh mot gab qth 8 km ne pfäffenhain wir sind aber gewiss, dass die gemeinschaft in der + +

11.

+ aussenbordmotorbrennstoffbehälter 3 tle qdm 046 dlw dfy la gente de buena voluntad estudiaria las necesidades del pais qab brückfliess ü3bjm ttt de ü3l xtle quj 032 duron de d8s qam 0852 hochfinstermünzwalde diesig 4 km 823 $^{4}/_{10}$ $^{7}/_{00}$ n 14 732/982 bac bqm0x qbi fin zil 7 arf plz 4256 3108 uamr6 8zmbg ö0jmt 9ifnt mau1q jüan3 ba1iv pfu3q x5mbq qah 72 boden qft obs zü 3496—4876 minus 2 pan qsa 3 f7ide qan e 6 es ist dieser stumme gruss vom sichtbaren land zum unsichtbaren gaf 8x245 qad bolseheim 1328 qab gänseheissel msr tmh hgp qaa 4 min yü6er daxof de d5h qab ? k evygf xutgc upyju rimow ldraa ekwxu ihzru weber 6/178 qtf 0832 8 km s wieseheide zil 5 ens •▬••• 4 lopx gls8 18f19 qabh qadn 23g24 zhi3 zrtx + +

12.

+ qaa 5 min zm2yü qan w 4 pan 3 tle wr4ag uäg3i tb5öf o4ifv L5cyo hwxz6 k6hwx 8mted in8öb qsa 4 l9etm qft nil ttt de fv6 qdm 041 qam 1348 zk dunstig 3 km 294 $^{2}/_{10}$ $^{5}/_{10}$ w 13 752/992 xs9 gk3 bst 692xx qbi fin in seltsam höfisch-repräsentativer art, in klassischer gebundenheit, mit der gwf qab lz qad d8m 0236 qab d9a zil 3 arf plz 2983 4146 qao 0903 bq 200 113 12 800 118 14 1500 121 17 xtle zr9 ö8k bsf kiewp 3pmsd tjuiz uitwj sqrjq fqdwy magqs yvwjg 62 — 94 igcrz 3:742 lvtgu xifyp esess ryezb 816/4 phqli xcwfd rnpjv gwt cq de ddv cl gewitter qah ? die smachting zich te kwellen met eigen zwakheid, de zwakheid waaraan hij qgd schwyzfährer kirche 137 boden zij 9 ens •—••• 4 lkw qac wx qad d6h 2348 qab d5x quj 003 duyos de d9p ? k + +

13.

+ geb qth 3 km nw läcrymalen dep sohzv 6,576 hpgtq eeihs inbuz dwfcb 923 — 5 kntzv yxous dnfis vhknl mpvaj zbyxk hieih wpccm pqlxh qah 328 boden pan 2 tle qdm 035 ber dih de dufut qte ? k arr tzt qsa 5 odi7e qbi fin ssd sie mussten überwältigend wirken und den wunsch erregen, auch derartige ptf 0304 5 km nw buxypässe rtg dapil lkw gmt qse rtg gff mäfp 5 qft non obs zil 7 arf plz 4219 5092 lb4 gk5 r91 a5gby qad d31 1923 qab d1s adk ezh jet bem its iss nlm kjt qaa 6 min qan n 3 xtle quj 002 dubak de d6f qah ? k qah 82 meer zil 7 ens •—••• 3 txt bag st4qa öqm5z xrei2 Ldes3 p7ddc 4Lvin um1an rzw3h 3henu 4güqm dif6s ztnf3 btg 78xx2 ovthz thowb 4wy36 uaoi8 wsd5g öu6lv ttt de yc4 tra avi mot + +

14.

+ gfg qbb 498 boden schwankend zil 5 ens •—••• 4 hs5 p6h r5k menschen die waren niet de moeite waard, ze waren niet eens een decoratie, de qab hicklyquelle pan ttt de jü2 xtle 7mbjü öäfi4 5ierz mot b5fiv pi4s3 kch5r lkw n7ers z6nLo s8rxw qam 1216 höchstädterthierstein starker frost 32 km wolkenlos windstill qfe 772/1182 brg qth 13 km ne pölzl 4 tle qdm 011 lrtaw syztf ywpnq cohln kucsg eihsi heqwa 7/381 rzcan pcurn 7 $^{2}/_{9}$ wyrpv göy1b a0öjp qft obs th 421 — 525 minus 3 gta dij de dofea qdr ? k lkw rtg qtf 1632 8 km n lieseheim tatsächlich sind auch solche schulen, die verschiedene stilvarianten e6mba a8obr qad fortysehien 0444 qab reihsiel quj 032 mot 16b16 obrx qgan qfrn fea4 27r28 + +

15.

+ qah 182 boden qft nil pan 4 tle 65 — 18 uglsd fcled xsghf fvgud 91325 bqnml rkxyo abctg rtyui remjo vqhnz ftrde ixthw nacux uaskj qac xy 7detm qad d9o 0329 qab d8t brt qth 4 km ne carlyle 1 tl qah ? gst 3191x qab lc ttt de yl3, zil 4 arf plz 4063 8321 quj 034 grijs-schimmig stapten maar weinige menschen, duidelijken aan in zwijgend xs aumiz 3rtkq 2pnax älntk mot arr kc9od erw0c vint1 kosr8 zm1qü jba3ä 1iert 7ufil sok2c 9Lvif 0ntsc 1srzt gfs v1pni qbi fin zil 3 ens •—••• 5 qah ? qam 2350 ym böig 28 km 3673 $^{1}/_{10}$ $^{8}/_{10}$ s 32 772/1189 lkw prs cop qgd sölckquellendenkmal 99 boden qdm 052 rag x3l fr7 bsi sh3cy qad d8k 0849 qab d3s danuk de d3ä qah ? k gft ygö6f qan e 2 es war dies aber keine bodenständige, eigenartige kunstübung, sondern sie war + +

16.

+ fer6h ierx4 pan 5 tle 6 $^{8}/_{5}$ xtsmf wwoqb iskee azbpy zfieh dihoh kyucb upieo jsieu xmfkh dtrkh aqvpp dtayq tdayq qjb ö1at4 qft non obs ttt de x2ä qtf 0927 9 nw schupfpässe bgt dik de dutio quj ? k zil 1 ens •—••• 7 qdm 012 txt qaa 6 min qbi fin zil 8 arf plz 5281 7312 x4t 5rg k8l gvo xx295 qad d6a 0253 qab d9k 1 tl dybab de d9ä qad ?· k qah 529 meer ho0if öbt9x k4vuä jö6ie codL6 nab7t zx8hc pf7gq ych5x g7trö s8nuj 9atrw dep moi san arr pos qac eissee klv68 sig lkw rtg lbs gbw oseoj meten vawüd ojv4b 86 fhi yky cpx tek xim ctm qpb qth 9 km nw kläffner 72 quj 009 adr kgs x4r sss qab wölfquelle was in der ungeheuren menge des bäuerisch-heldischen volkes, des einfachen mannes wie des + +

17.

+ bes cq de ddw cl gewitter noch mit heidnisch-germanischen sitten und gewohnheiten erfüllten gga diz de dejim qdm ?

k pan zil 8 ens •—••• 5 xtle lkw qao 1252 winterslebenerhall 500 25 19 1500 26 21 2500 28 24 mot wanneer zou de dag aanbreken dat hij zich voor totaal niets mer interesserde, qtf 0506 4 km e meissheisel ttt de yö8 iqmsw qwets yjxbm qxkoy dntwh pkqgc ncdkj 02563 fxvwf qvyrg $9\ {}^{7}/_{6}$ qdyax btz j3uni qbi fin qan s 9 zil 2 arf plz 3458 gig qbb 81 boden auftürmend 4 tle qdr 032 qam 0938 hörstelostenderferwalde hagel 3 km 182 ${}^{6}/_{10}$ ${}^{9}/_{10}$ e 14 734/972 qpr hz3zx qtf obs ta 249 — 268 minus 2 qdm 089 s7ero Li8at er9wh ba9iv Lde2m zrso0 cod0v 7ntrw 8oeaq qaa 4 min qad beeshead 2314 qab schleissehafen rpz2 qfsn dnmx 42w42 34f34 + +

18.

+ qah 275 boden gba0m qft nil zil 6 ens •—••• 4 xtle pkw lbs een oogenblik in den zin dat het mischien niet onmogelijk zou zijn het karakter bbk qbb 6248 boden zerfetzt ttt de cö4 wcmus rwgat sxnex nrbug qxeat 3 % sppoe njezb bqdxm snayk hgwuv dsfsb qpw dis de ditna qrd ? k 4 tle qdr 024 ggl 9x247 mynuk dytr xcpet hrrif pan qam 0926 cz regenschauer 2 km 127 ${}^{8}/_{10}$ ${}^{10}/_{10}$ sw 9 741/958 min qgd leuchtturm folxpassage 232 meer zil 5 arf plz 0234 4898 ggo qab ja uif61 von der scheinbaren sinnlosigkeit seiner macht getriebener geselle bff qth 3 km nw köpfen qte 054 pvL2y 5qban uä8id Lvp1j pier1 nat3d 7schw rx1mt 7kych 2etrw xz6an iuöqb n hochvakuumglühkathodenröhre mar qac au lko4w qbi fin dovyn de d1d qtu ? k d4f de daron ? k + +

19.

+ gla cq de ddl cq gewitter pan ttt de 2äw zrxws e7idL yf3äg 8finv pd2es ok9hr nuä2i vp0et m3enu bls okc5w qad wg 1421 qab fr 3 tle mot qtf 2039 5 km n phylaxförsterei quj 025 r luftpostverbindungsplan zil 7 arf plz 3582 5490 pkw qao 2123 hz 200 336 25 500 338 26 1000 342 27 ms lbs mot gld uä7iv qbi fin sondern es sind ihrer tausende, die den gleichen weg gehen qbh ? qaa 6 min gö4ui qan e 3 zil 8 ens •—••• 3 qdr . 004 lts üäf bks vygit bemfn htyso itkis 6 tle wnhpj rbgyk xtxqh 24—67 ntolg hethi uszhk 60259 gezay wcabx qhbba mfcse qah 3286 meer qad ty 0336 qab vi qac thessalien qad hs 1349 qab uv gel qth 2 km sw nekyzquelle dokif de d2x qfd ? k prl kgs + +

20.

+ dit de dysil qrg ? k pan rumwk qfnak nesvr. dihxp pexyd hlrib kzjon 91/82 nmtvv dkmlr cxjzm hmcbs 6—784 jouwt hesih schwefelwasserstoffverbindungen qwg ? o4ts5 qft non obs ttt de 4cu zil 9 ens •—••• 5 qdm 038 glo 5281x qbi fin aus der menge des einzelschmerzes ergibt sich die trauer eines ganzen volkes 9dra yöjb0 qad bosseshausen 1006 qab mathiesshein 5 tle mot bld qab dryförsterei qan s 8 zil 9 arf plz 1025 3282 xtle qam 2156 velichowkyst sonnenschein 38 km 8732 $^1/_{10}$ windstill 768/1058 me fastidia andar alla hecho un tonto, ademas, mi mujer tiene hoy que discutir qaa 7 min öüä6i qft obs nt 349—446 plus 1 qui 039 apf pir qtf 2318 8 km s beeseheim dumen de d5h qaa ? k 1agun öjb8g v1näb Lde0t 7senu ga4rw qaxo paln 13z13 ees4 hmrx uma7 28c27 + +

21.

+ qah 275 boden z8byü qft nil odzkt 39748 ypfqi eshsi xcvgf hhsei duroe hcvwt xplxa yuiih mkfri yfqhw eiihe ksazl bnmhj rot dda de dinga qaa ? k qam 1300 dt sonnenschein 11 km 635 $^4/_{10}$ $^9/_{10}$ se 21 755/1015 binnen in het restaurant was een wat onfrische entensgeurrumoerigheid abs bch 722xx bcgkz yvhji xkner eymos 3 tle qdm 028 txt qgd rückbürgekuppe 278 boden ttt de 2öl ba8iv Lde5m vi8ab 5rsok h4enu fido1 7kLvp 9perx r7oky ch8xq qu1pv i1abm qab jw ausführungsübereinkunft pan fep 2 stdn qth 12 km ne norrkjöpyng zil 5 ens •—••• 3 mot qac ya 5cyo7 qbi fin dipun de d5l qdr ? k 5 tle qdr 048 qaa 6 min p1loh qad ni 0005 qab hm zil 6 arf plz 48204 1435 qtf 1348 4 km n cyprian es ist kein unterschied zwischen ihnen und uns, sofern + +

22.

+ l1inu qft non obs qan e 8 xxx 80694 nrotw skuwi gjnil odwek clpuv pkgne qengz uhxag 492 — 4 kdknv dfdpj wkiiz ugbel ibffn blau qbb 8214 boden scharf pan qao 1932 ch 300 305 18 1000 309 19 2000 312 21 2 tle so frg cq de ddk cl gewitter zil 7 arf plz 1203 4305 adr rpt cdoi9 qbi fin qft non obs dasox de d3c qdm ? k qdm 082 bhf öga3e qad yc 1835 qab kb zil 1 ens •—••• 5 ü2a ftö ku9 luftfahrthindernisbezeichnung 8 tle quj 023 d8ü de daxil qam 1250 mattopoisetdepot nebel 0,5 km 15 $^{10}/_{10}$ ssw 3 730/988 fso ddb de difra qab ? k ttt de ü1a csr9m tet1m q2ufi vLd46 qü2pv enua4 6zrso ch8rt trso5 7rtag q9öäu 1mzxw zr8xs qbi fin qad xy 0828 qab kl ala vxylc uricm rndvg ctegx sie haben es erfüllt, wir werden es erfüllen + +

23.

+ qac biessenhofeneriss pan zil 9 arf plz 2304 4308 4 tle mot fsv qth 4 km se xylögralen zil 1 ens •—••• 3 qdm 004 san pon tu la capital de espana a esta altura sobre el nivel del mar bsg 654pp töbm2 daguk de d1j qfm ? k fbecz hesei bviqx poikl maxwe siees jtwhs mnhyt ctifx 03592 czpah kyssk fcbej ucipw xtaad 7 — 961 qab bucyfelsen qft obs bz 1245 — 1368 minus 2 xxx qah 3456 meer qan w 3 ttt de ä8b mot fub funkentelegraphentechnik 1 tl quj 015 duwos de d8p qaa ? k qaa 6 min qad halesseeseite 1346 qab vessheek 5dl y8i vi8 bhl stok6m qbi fin dem wir eine spanne lang dienen, um dann abgelöst zu werden, um qtf 2315 4 km s schesteheidewiesen m6e k5s ky8hw xzre0 äg5ja a0uäq bjm2a ed3na rt9gö ufp8i 5detm lhbx kot3 8p9 qbfn qfro 18g19 kpg9 frkx + +

24.

+ qah 324 boden qad d4g 0436 qab d6x pan hiehi hwlrm xzfgm wtivp qiyqn qhept ysuzj achqy apfbq qab zr öga4r qft nil ttt de xä3 möt san fvg 865xx zbi fin zil 1 ens

•▬••• 8 qte 217 dupoh de d3s qad ? k zij had het schriklijkste levensspel gespeeld dat den verliezer lijden doet bor qth 13 km sw abyälflyngen 3 tle qbm2x jban1 öga8r uä5es pn4fi 3nate qgu6p b5niv yk9vp c6ifd 3senu 1rtag diu diu de dinga prg ? k tuxdtx qac jv uäf9v qan n 4 zil 9 arf plz 8240 3316 4kg 5rd a3t qam 2355 oc wolkig 12 km 830 $^{2}/_{10}$ $^{3}/_{10}$ sse 28 742/982 fug aerenr p5en6 ist für uns in ein undurchdringliches und niemals erhellbares dunkel gehüllt ? ü3f qao 1246 höchstenwerdersheim 200 8 10 500 9 11 1000 11 12 soh fga t8esh qad d8t 0436 qab d5m 6 tle quj 035 pag rtd + +

25.

+ qaa 4 min qbi fin 4 tle sehih hjzef 8—428 lvfwn mvdhi psbtz mxqte jfeza 7/157 lqxme adsyj hztbd gusnr zmsfw $9^{4}/_{6}$ blk uefail qft non obs 3 tle qgd funkturm pfälzlikogel zil 7 arf plz 4290 3861 üy3at fntz3 was schmückte den giebel seines holzhauses, derbe farbige holzschnitzornamente mit groben tierköpfen fus mizgez qad d9f 0904 qab d3v qdm 029 van xxr taq qtf 0409 9 km s brölflüsse zil 3 ens •▬••• 9 ducas de d9p qah ? k qah 321 meer qan e 8 pan ttt de 8äc mot wsde8 agb9z x0soc 7üjba 9fvpd Lohs0 ga2rw 0pugq b2nvi fka cq de dio cl gewitter ssd soh mot san div de difro qrw ? quj 033 a5t f6a qam 0050 prinzedwardinselobservatorium windig 35 km 5650 $^{1}/_{10}$ $^{2}/_{10}$ sw 32 qfe 758/1058 wijsgeeren werden tegen een kruis gespijkerd of op de een of andere methode + +

26.

+ fvr qth 8 km nw präppach pan 8 tle mo6 ihish yxenz bsilt broen dmxcv qiypn oyfug yqibw xszgx vkrtn dmvol yujjk qab sylphidenfläche zil 6 ens •▬••• 4 qte 049 kg8 blf 87xx2 xyod8 ttt de f8l mex evb tej wel har fpf qbb 98 boden auftürmend 6 tle mes lkw qac triesheiserweihen zil 5 arf plz 8219 3824 qah ? qtf 1342 6 km e adelphisis-wesshein rvv gyw der lor zij ghz brb th6ms7 vif4u haben nicht doch einige schutz- und trutzsymbole, haus und hof, feld und steg qaa 6 min qbi fin qdm 068 pl7 u2f cd1iL en9ag bqb7a 3hsen rtn5g z4bqg gatr8 7nate r5chw fwi sen3ä qft obs ti 462 — 516 minus 3 mot 1fund mt2af qad ziehseilen 1836 qab giesshübel pkr kgs lbs 30r30 iwfx qgoo qgen skn2 21b21 + +

27.

+ qah 38 meer m3äjn ttt de x3t lorix 18 — 32 khwqf wwcih fyqzh mpcfb xbrmv 27:39 fhwhk ekulm nylff maquqc 9L7/4 cqgvj egyoc qab eo äa0dl qft nil pan qzs xxx72 qad d8s 0738 qab d3j qdm 035 damac de d2ä ? k bbe diw de detul qrz ? k 4 tle hif xwru vim usb jra san fzw oi8maq qbi fin zil 8 arf plz 0844 1565 lkw ptc cop qam 0835 hl regen 18 km 1260 $^6/_{10}$ $^9/_{10}$ ssn 16 728/389 u3s fr4 t9c neen, de vrouwen waren het niet, want er waren ook andere geweest, zoo zuiver rein bar aufbauen qan s 6 xtle quj 019 detm4 6osrz xrhs8 hse0t derh0 der1L fü1an q1eoy m9rxw e1nuf ögab2 jü3iv qac jib mte2l zil 6 ens •—••• 3 mot rpt arf qth 3 km sw ökpäfluss, die vornehme, klassische typik geht in gärenden expressionismus qri vin4l qad d2l 1437 qab e5t lyg ahe rxc 8rs u2c ä1g + +

28.

+ qgd schiessübung brückenbögen 5555 meer 2 tle san sah ylnfi lsshe yprew kqsld zxrtw eyrrp equkf xbomg 50724 dzoqe 9.591 zbygi qtf 1056 8 km n seesiehel 3 tle qdm 052 mot rpt fff taktux aufbrausen zil 6 arf plz 9864 7321 btl cq de dip cl gewitter bkw gef tnk fxg ury qaa 5 min gbi fin zil 4 ens •—••• 5 pag mot cob uü1te at7gö qad d6s 0829 qab d1b san duhak de d3l qad ? k fdz dix de earbe qsj ? k quj 092 adr mot f4l gr1 l2k qao 0984 ba 300 43 10 1000 52 10 2000 58 14 mts lkw bk u3öjx 6aeax qft non obs ttt de üu4 2üufv i2sr4 wen5g ufvi6 zt5ua 5mzxr Ld7wh r9naö mü6vn 6zwhs t5fin ta6öj bat qbb 849 meer schwankend pan qac rüdesheim qan w 7 wir können es nur vermuten, ahnen, weil wir sonst manches spätere + +

29.

+ qam 1345 gieboldehausenerheerstrasse frost 23 km 4355 $^7/_{10}$ $^9/_{10}$ n 8 qfe 765/1126 fle aufkauf zil 6 ens •—••• 4 xtle mot dtrkh aqvpp tjnex iuvya 19745 bdtkl zqyfi gxqsw 2 $^4/_3$ iwhjz vtuyd jrwxc tazbn ruslt tgwfm lotra qtf 1345 8 km e slyvysalzpfanne pan qab schülzflöz 2 tle qte 035 pas pai de qth 9 km nw phylaxmengen die mit ihrer vornehmen, traditionellen zurückhaltung fbt x87xx qbi fin zil 4 arf plz 3087 4134 dasyt de d3p ? k binnen stond hij enkele oogenblikken zonder beweging als versuft, de straat qah 77 boden ttt de bs5 quj 008 x2g r9s maö1i v2ärnz r3anf kd3ui bts5h r3abv dL3rs 1seni v2ocy qaa 4 min qft obs ts 8257 — 9216 minus 2fbd m3xyg 5rüag qad itheheide 1644 qab leriessee dbf3 qgpn qgjh dügx 13a13 82m82 + +

30.

+ qah 831 boden mzr4e qft nil pan zil 8 arf plz 0314 5216 qam 1108 mn schnee 13 km 1528 $^2/_{10}$ $^8/_{10}$ ssw 11 766/1098 xtle mot baf isehe onime eisih vhstj qerus povhx rzgub ifsuo tbvsg moycv jfnxg rpcvl mjqsw kdnwa hjdai zzcli sgr qth 4 kw sw zöpfhesin pbl wds een variatie: le style c'est l'homme, le col c'est l'homme, een spreekwoord qwl 19x42 ddx de dyzit qbi ? k zil 1 ens •—••• 3 qdm 038 pac th paraboloidkondensatorenfeineinstellung 1 tle quj 072 qah ? qao 1349 ng 500 195 6 1500 189 6 3000 192 9 min grf qab db 6tagu qbi fin ttt de gö4 xrä b0tmz p1ugq ba5iv ügat9 s0nuä j8rhs w6tag u0esh codj1 qaa 5 min x4eip dudex de d8s qab ? k bnf r9ne6 qad lz 0458 qab pa kein anderer kann ihm die last des abschieds + +

31.

\+ qgd funkturm lyxheim 248 boden makbn qfbih 8 $^{7}/_{3}$ btycu wwemy nzzik uwwnx pxhir 62551 xbqab nhsvo lqhjn ltujb 79304 irxyn tfuea qnu fä7bt qad lx 1341 qab bd quecksilberstrahlunterbrecher 4 tle 82 klf ddy de dotul qte ? k für eine vorstellung, für eine idee, für den inbegriff gba cq de ddu cl gewitter zil 6 arf plz 2419 3285 qdr 032 qtf 1248 3 km sw iföplätze ttt de x8ä dyloh de d4c qal ? k 8eöbm qbi fin qft non obs zil 3 ens •—••• 4 d8f de d4c qtr ? k flz qbh 8421 boden verschwommen ägb4m 7nide L9ifn 3ägqj 9detm zrs0k ych3x q4mzö odifp vLk5c odifu 2bmzx bestimmungstelegrafenanstalt pa öx8 qzx 395xx wyjwr bkmxv ytcxv derfn quj 012 pkw lbs qac oldessiel 7atre qan w 8 dubih de d1z qac ? h mot + +

32.

\+ qah 265 meer qad lc 1823 qab zl zil 5 ens •—••• 3 xtle qah ? flw qth 2 km ne mylö zil 4 arf plz 2413 3157 5 tle qaa ? qaa 6 min qö4jm qft obs ml 2841 — 3146 plus 2 qdm 045 qte 008 qtf 0004 3 km ne radesiehel igrxw xjuzq psbtd ejplr 61/93 emcch 20647 xzsvw exajz tkrzb bemtv lcryc 8 $^{1}/_{6}$ phuli untrq fsk qab züllychau qan n 4 bgf müög8 qbi fin denn der tod ist die letzte, die bitterste und die eindeutigste äusserung des lebens qam 1209 traubingtrasslberg eis 19 km 855 $^{4}/_{10}$ $^{5}/_{10}$ nnw 23 772/1213 la muchacha sonrio satisfecha y ruborizada, vi desde la acera como se alejaba con su r semaphorstaatstelegramm dazih de d3l qad ? k pan ttt de j5ü fsu zrxw5 qad heesedorf 0004 qab seeeinhorn uäns9 di8nu jqa6n i3nte 2zxws h1Lkc p9Lk7 fidos une8h qbeo qaon 23y24 sdf9 bshx rnh8 36c36 + +

33.

\+ qah 2145 meer qbi fin dolig de d6s qah ? k 4 tle ft4 15h qac dx am1jg qad yi 0445 qab zü pvdc7 Ldet8 zrso0 yc2wx jb8rw sedi0 2vLoh wse4u srt1n gid3t z5ani vp7uä bil ? cxhdf ypxin objfs ndpbf pan kwc 45xx8 qbh ? qft nil zil 5 arf plz 2061 3467 qdm 048 qam 1838 br dunstig 2 km 649 $^2/_{10}$ $^7/_{10}$ se 8 734/973 qas ? k esb ddk de digna qan ? k 7 tle qdr 032 ejwla txjrw kcubx qlcbx vqhrg 6,348 61/96 jwubz wzoqj kwe qth 3 km s schüpflitz zil 6 ens •—••• 3 neerkijkend op den besteller, even een oogenoprukje naar den kellner een qao 1928 stykvochillen 300 89 4 1000 94 5 1500 101 7 kpa qab rx mby3ü der übergang vom einen zum andern, die umwendung dieses hel ? qbb 328 meer auftürmend ttt de ä2r dimek de d1ö qab ? + +

34.

+ qtf 1829 3 km s pyllköppen denn der mann wappnet sich, soweit es in seinem kaw edisonnickeleisenakkumulatorenfabrik zil 7 arf plz 4563 5929 ebb öyb9t qbi fin denid de d7g qal ? k 8 tle quj 008 mot qaa 4 min ö5atr qad by 1624 qab xc qdm 026 arr dep 85 mka mted8 qad rk 0005 qab hl uaöj3 z5eip vLd7t rs9kL nid6t rsoL8 pk2co sh0rt ykLd8 i0uäö qöa1i f3erz qgd engflüsskuppe 8243 boden ttt de 2lö qaa 4 min x8zö9 qft non obs zil 4 ens •—••• 6 föu d1h z9w mkg ddl de dyper qam ? k 3 tle dilek de d2ä qaf ? k wel qth 2 km n stölpförsterei pan 63420 kjgam zcflq zcfev hrykl wonyv padvn efito bvhmv weytx xnyqr tblyc qac sisispiessen g7ten qan e 4 gmt no hubo manera de convencer a iturrioz de que se quedara y se + +

35.

+ erd cq de ddg cl gewitter zil 9 arf plz 2348 üqya0 äu2et öjmt4 enua2 4banu fi6oc 5bjög u7nes 9diöq mkg 9081x ldomy jshyl zopxn avdrl qaa 6 min fortpflanzungsgeschwindigkeitsberechnung 2 tle qte 032 qah 492 boden üb3mj duzag de d8f qam ? k zil 2 ens •—••• 3 qah ? qam 0829 jedelstedingerhausen starker frost 34 km 6725 $^4/_{10}$ $^6/_{10}$ ne 4 qfe 771/1232 mkk qab bucyquelle qft obs cb 7625—9348 minus 3 qdm 028 mot aba nuaö6 qbi fin qan s 3 so erscheint er uns vertraut und erwartet quaa 9 min üöga3 qad wiesheize 0342 qab dreisehecke 1 tl mgs mkm funkentelegraphendienstanweisung pan 18:25 prgqe shiei hehsi qbvdk zmvxc gdzxm ubacl 343,2 ejtcp 9 — 593 nrogt esu qtf 1528 5 km e lieseheide ttt de ü8l mknx nim5 28f28 qaln qapo 4g5 gas4 + +

36.

¼ qah 38 meer rx1m6 qft nil 4 tle qdm 007 eqtyn seshe sjuew qivas vxmkb czfan hsieh lbrju rwjyw iisei gqzob prisw jtshv takec hishs zcmpk atn 878x2 qbi fin ttt de wr9 mot mkz auv4a twkeb ueoaä oaov8 avi esv qab vu iüö8b pan zil 3 ens •▬••• 5 wem dgy mgp jly etl kyr qam 0826 kr böig 6 km 1932 $^3/_{10}$ $^8/_{10}$ ne 32 762/1068 lkp rtg fkb aögt2 qad d8k 1238 qab d8n 6 tle dasur de d9k qah ? er was gevochten in de hoogstrat des avonds en er was moord, moord geschreeuwd abs 3abtm qad d9y 1834 qab d4o kdivp 10und 5osen ta6öq L0pf n7shc os4zm te3Li 6rtag ö7nes h0odi fä5vL kph 2öüb3 qft non obs quj 035 san rpt qac ur b7üga niemals hat sich ein germane ein bild seiner götter gestaltet, die wenigen steinfiguren esp qth 3 km s jyxcylen zil 2 arf plz 328 915 lkw 4ps ö9r + +

37.

+ qaa 4 min qbi fin zil 4 ens •▬••• 7 mot ery idl uoy tip evy rbm kpk 4ägjn qan w 6 ttt de yö4 dymor de d9ü qad ? k qtf 1841 2 km dryfälle 4 tle qdr 029 rk4 pf9 a4s qgd barclypässe 2859 meer pan xjvzy oeehe shfio aeitu xxpzh zcmkf ihsie xcbqn ojuvb gsqzl qxhnw emino hehss fmnqh yvmmqh kpp ddl de domhe qad ? k qah 2371 meer zil 4 arf plz 3281 4618 m8s os4 k5g v4u abt 3x2x8 qad d8z 1419 qab d3h mar cft ehm kxi vps mot kpz y3mzö bis zur karolingischen periode, darf man mit dehio sagen, hat der germane die menschliche gestalt qao 0034 gk 500 285 23 1500 296 25 3000 306 28 epd m2bzx qbi fin 2 tle quj 014 san yc8wx zm8qg äa0dL qg4fp vina3 mte2L eosr1 xwh0y vin4j knl cq de dif cl gewitter rpt gpr rzk + +

38.

+ qab brückpässe qan s 7 dann hat er jahrhunderte um sie gerungen, nicht in zielbewusster qam 0929 gollubinlyck hagel 2,5 km 98 $^{2}/_{10}$ $^{3}/_{10}$ sw 27 785/986 kir ddm de dugiv qaf ? k pan 1 tl jb3zx wtta2 uü1te v8Lky c9den at7gö mz2so 1Lvpf u3öjb abw qth 9 km n xyphias ttt ee v8l quj 029 att dock den dagen sa snart skulle randas, da denna vision skulle bliva verklighet kav qbb 901 meer schwankend zil 6 arf plz 4291 3056 mot eik qaa 6 min qft obs mv 486 – 628 minus 2 3 tle qdm 045 qac tessihein lop1j qad stülpquergässchen 1432 qab kläpzyngen mot faw qtf 1842 6 km n hesisheeslingen ncpdo 62170 rpble 852 – 9 sincw vydlo xktzr bjkde 30894 73 – 68 aqzlc augns ksf auv3z tste7 äuht4 0hnnc zil 5 ens •—••• 4 fük7 18v18 ähüx qgsn qglo läz3 32c32 + +

39.

+ mke qaa 5 min qft nil ttt de aj1 qdm 025 jä9nt z6qüg u13id v9pun a5öbj 2bmzx kyko4 idLo9 s8dLo eis qah 2485 boden gebracht, wurde ihm die menschliche gestalt als form erst vom christentum, wie ja qam 1248 hz regenschauer 5 km 83 $^{6}/_{10}$ $^{9}/_{10}$ nw 9 742/968 tom pos cop fmx xx782 qbi fin pan zil 3 arf plz 1243 5615 f3b c9s äü3 kei meuef teaer 12anp 4wmeg pce zag dne dpr tet yhl mot twee menschen uit het volk vochten toen, de een, veel sterker dan de ander sloeg zijn ket qth 4 km e hetzplötz 4 tle svh 3/724 pqcor epgnl husiy ucvow heqcv iqvcy vmzpr thnmt eihhi yrowm bessf iksvy ycrdq siiee fynne elz qab mk qan e 3 zil 1 ens •—••• 8 bis agbj2 qad d8w 1742 qab d7x act xw4çy qad d3l 1438 qab d6w quj 032 datut de d9h ? k ksg ddn de defny qag ? k tle ssd ssd pbl adr sig rtd pai ¼ ¼

38. Funkwechselverkehr

1. A : rfx k
B : rfx k
A : $\overline{ka}$ 2047 – 83 –
aesnl rsdua jqise eerst vsifk usrnn resnt avmbn
hdtzu wesns auxer iqees dhere sudvd ereen ssuaw
dmf $\overline{ar}$ $\overline{sk}$ k
B : – r 2047 83 – $\overline{sk}$

2. A : j1j k
C : j1j k
A : $\overline{ka}$ 0938 – 71 –
djerw uhnsr dgeww uslor ooend hsere utqns ckrhn
saeqr dunbs duree xnufx nbdgb eeens e $\overline{ar}$ $\overline{sk}$ k
C : – r 0938 71 – $\overline{sk}$

3. B : c5h k
C : c5h k
B : $\overline{ka}$ 0003 – 2 tle – 1 tl 143 –
uhsre eegdb wfqsk dhrze djeer snnrn dneri sinee
dhgvs xxren fhgtt shdwn enwqn runse hdjkc undrq
mdlon fvjue imfjr sundi mhsda eenbr mxhhi ymeer
mnuie jhfun ksndd nbdii nhe $\overline{ar}$
$\overline{ka}$ 2 tl 95 –
hrrzd fnbwq einss inrgo hspnd fgerp kundh jersw
mugtn jdrge hundw aveee imler skunr vunwq mntgd
hnsub dinrr nbiug $\overline{ar}$ $\overline{sk}$ k
C : – r 0003 1 tl 143 ,
2 tl 95 – $\overline{sk}$

4. E : fdy k
A : fdy k
E : fdy $\overline{ka}$ 2306 – 69 –
hssim duhnw giuen djags bvoss wpyam diner hundv
kmree domnn bfvrr ahunu ppdhk eenn $\overline{ar}$ $\overline{sk}$ k
A : fdy – r 2306 69 – $\overline{sk}$

5. B : b65 k
A : b65 k
B : $\overline{ka}$ 0353 — 88 —
grztt zngrv psree rhnfu kmqgg hrfbf dheen usees
brkde nnhuw qqhue xkomd mnnru hsfde mnruu hhere
ndhrz nee $\overline{ar}$ $\overline{sk}$ k
A : — r 0353 88 —
ka 0401 — 103 —
hssre nduaw rndhu kopyy hundr ksmnn duner kmsre
hnusr hdnqw kmniu ksgdb unaer llpvs khunz msner
hhsse kundi fhgre eenri hng $\overline{ar}$ $\overline{sk}$ k
B : — r 0401 103 — $\overline{sk}$

6. C : kk3 k
E : kk3 k
C : $\overline{ka}$ 0718 — 66 —
hdgrz iurns omkld pamie kinrn kdvsu kmtti hnsfr
bvcuu ynrre gbmim floon frune r $\overline{ar}$ k
E : — r 0718 66 — $\overline{sk}$ k
C : $\overline{ka}$ 0723 — 107 —
gdfru khnmn erdun sidnf hgrzp alyre qmndr unsrq
mndur omsrd khnrr eewiu skamx somxu siuna unsre
mnsun oimri sundi aunsr eimns ss $\overline{ar}$ $\overline{sk}$ k
E : — r 0723 107 — $\overline{sk}$

7. D : wjk k
A : wjk k
D : $\overline{ka}$ 1532 — 81 —
hfund insre rndbg omhur imesr rrwqn omaew qcehn
imsre eerwy shnju imsoe eehng pskmy pmsrw wnshr
a $\overline{ar}$ $\overline{sk}$ k
A : — r 1532 81 — $\overline{sk}$

8. A : m1w k
B : m1w k
A : $\overline{ka}$ 1539 — 74 —
ppare wmnfh kumdo umrgg sjeud yunse dkeen omern
natee wumnf kiosl mnher edung eeisn ksuz $\overline{ar}$ $\overline{sk}$ k
B : — r 1539 74 — $\overline{sk}$

39. Griechen

α	Alpha	· · — · ·
β	Beta	— · · · —
γ	Gamma	— · — · —
δ	Delta	· — · — ·
ε	Epsilon	— — · · —
λ	Lambda	· — — · —
π	Pi	— — · — —

Die Griechen zählen als je 1 Buchstabe. Zur Unterscheidung werden sie bei der Niederschrift mit einem kleinen Strich unterstrichen.

1.

mbα	qax	uλc	zyx	πfn	ösγ	βig	chö	zλc	bkä
zhβ	jβö	xbk	öδx	rzλ	mkx	γfl	aäf	lαn	gjö
aγy	xkd	ötα	riε	gön	ejq	süδ	gbv	dnβ	rδa
gex	xγc	svβ	xnd	αwa	oiδ	wsc	wgü	vwγ	ücx
qgv	axδ	γzb	πkn	xfβ	üää	εvh	axγ	ghδ	kvü
δuz	pεw	xcü	klγ	γtq	ynh	vhl	δmü	πxä	ieε
xio	äüö	set	oλf	ahδ	εöe	yrπ	εqz	λäö	ysh
rfε	mπö	uvv	lfα	üxz	lπw	hsn	iyf	αvj	zxπ
πza	gγw	xcü	mlβ	εwq	pnh	dvl	nπö	βhü	ztλ
nya	güä	δrt	cmy	fjπ	nfλ	lrz	hλw	dγc	trg

2.

λsa	Jdα	äsε	tfg	kpr	hgα	fzü	αdh	ödc	bαc
lfα	yäm	πpn	bdγ	kxg	öbβ	xλc	käg	füδ	ösd
zuβ	ert	qλä	fhδ	iny	anf	αcγ	vdc	bcπ	ögr
iγq	βhm	vxh	kiu	xyc	mna	sβc	qtβ	oef	wβi
δgb	dye	göα	tεh	mhü	ifγ	uda	γan	mrz	öγe
üεf	γis	unm	bqπ	xws	wrm	δyt	iqü	wxs	bqδ
num	δis	fβü	eλä	mλz	δif	hnü	sät	göλ	pdy
läπ	scb	zγn	αot	xüy	fsε	εyq	zih	clü	wgd
λqs	äεd	lgh	βnδ	skh	dπl	πzt	tsδ	zuk	äjε
αuz	sπk	gfδ	eγs	hcd	lyq	fip	öar	cαl	jli

3.

βxv	znλ	wqe	εlo	sye	nλd	oqλ	lmj	iβp	λpü
sγf	klc	öhs	nmπ	αvg	lαn	söä	fcε	γrg	öäü
wet	dαn	üqa	lkλ	βdb	aβy	ptq	cöπ	öaä	bgα
yed	ögβ	hεt	hüm	fiγ	adu	αna	mzr	eδä	üβf
δdi	umn	qbπ	xsw	iqü	ytγ	erw	älλ	scb	zγn
εto	üyx	wiz	sfα	δqy	ihz	üβc	wdg	εsq	äδd
hgl	γum	üπi	bhβ	möv	zδt	stγ	jαy	üvü	dεl
zuk	δdw	λxc	bvx	äjε	lεa	δzu	skh	üρä	hxπ
sal	fvü	öbg	γtc	awq	nπk	yεd	vkβ	hyp	cλl
πsz	öar	fig	jδl	qyρ	dbx	dρb	eγs	fgλ	ewq

4.

ojl	öεk	uga	toε	jhλ	pλn	λqw	δbo -	mαn	hxc
λxy	ölv	fαl	vbd	lmα	isä	αfü	asy	βgl	αrβ
üfb	adc	töβ	ycu	wil	mαm	ein	εyx	sbh	fkn
αös	iäπ	γat	cxt	βüö	ayj	äjβ	bπl	γtd	xar
üuα	εnz	aπt	rwk	qεz	εjx	dfü	πmg	cha	qπö
ägl	psπ	hαk	mxl	nλf	cvh	βkd	iλs	dgj	ülβ
hse	täλ	rπc	wbd	αnβ	mjü	tif	gαx	üfl	mγh
wög	bsd	ltc	λaä	vuw	nπq	γeb	βnj	ghε	cδk
qöβ	gäx	dλt	qüv	vnγ	jkl	zuδ	bgl	πäü	äbε
γnz	ügl	psε	hεk	mxl	nαf	cvh	γkd	iλs	dgj

5.

δüo	yol	rtβ	βhs	käq	gbö	sεr	apδ	ype	hπv
εdn	kha	iöγ	cγs	yfb	βml	bcd	jpö	scα	iaλ
öpπ	drx	uδl	cdg	abn	jγx	kma	rdε	hsg	xαö
kra	fuα	zεr	hsc	aπp	exä	dmi	älπ	düβ	vβr
tjλ	hüp	πls	qwr	üäε	yml	πzt	öλw	hüz	vxγ
rhk	iöβ	kλj	esd	xvz	näβ	üqa	fjα	zγw	δyq
αüw	lgi	vαü	plh	höδ	εyq	äλg	üyf	ixδ	blä
hβc	äli	βqe	äzu	ihλ	afö	eqα	öβx	äwz	πüa
jüg	jfγ	dlγ	yxs	äαp	özh	axβ	γsq	äεp	siw
bxo	nδr	nap	δbf	änβ	öoc	flj	δeε	äüp	znr

6.

mys	fjh	λsü	εpi	tfγ	jöt	käg	öπe	πxα	ämc
iγg	εts	güw	dsb	cfδ	πut	γyx	vλz	küh	εöq
qet	ödb	ycε	πlf	eti	mλä	dxδ	uvz	iλn	lαm
ipz	yöπ	bxπ	üzf	wüε	trq	xcε	ücj	pαa	kpλ
mkd	täv	hλw	λfx	ükπ	uhf	wqa	hαb	vpü	rβh
xwx	nmλ	xps	üαk	exä	niα	jvg	lβä	cfβ	xvk
bjδ	phb	cαb	βnk	xcv	βvb	hve	füä	qγü	glc
dtε	lcp	fef	fγl	λcä	lsm	yzπ	vγy	gδw	def
vuπ	αzh	qny	afl	qwα	ixy	pαb	δom	etq	γuz
äjs	röβ	xvw	δry	uoü	fqγ	eβm	vtε	nvg	luδ

7.

oλe	qbγ	sdk	uvε	aäl	wδp	mgl	tπk	bεm	sεz
til	wδo	öjβ	riπ	efh	tpε	ugk	pλi	sdr	waf
lαh	möä	γtg	pfλ	pvb	πsd	hie	wcα	lüh	üπw
kβp	zmö	utr	αij	lβü	bzr	nmo	öpβ	yxc	läö
asγ	jfd	tri	βnδ	üxr	öλk	jnγ	mγx	ölü	λqa
dsx	äzu	wδh	mqγ	üzc	αab	cfa	agl	öπn	rαc
zvx	öip	kbε	εüä	yxγ	qaö	iδm	ytb	λgl	nxc
täδ	daö	scb	öπp	aäδ	dfv	εnp	mδx	päö	tri
δät	öad	bcs	pqö	δäa	vtd	pnε	xδm	öäp	irt
xvz	piö	εbk	äuε	γxy	öaq	mδi	bty	lgλ	cxn

8.

eλo	γbq	kds	εvu	läa	pδw	mgε	kϱt	mεb	zεs
lit	oδw	βjö	ϱir	hfe	εpt	kgu	iλp	rds	faw
hαl	möä	γgt	qλf	vp	dsπ	eih	αcw	hül	wπü
pβk	ömz	rtu	jiα	üβl	rzb	omn	βpö	cxy	öäl
γsa	fdj	irt	δnβ	rxü	kλö	γnj	mγx	ülö	aqλ
dsα	uzä	hδw	γqm	czü	baα	caf	iga	nπö	cαr
xvz	piö	εbk	äüε	γxy	öaq	mδi	bty	lgλ	cxn
δät	öad	bcs	pπö	δäa	vfd	pnε	xδm	öäp	irt
töδ	däö	scb	öπp	aäδ	dfv	εnp	mδx	päö	rit
zvx	öip	kbε	äüε	yxγ	qaö	iδm	ytb	λgl	nxc

9.

sym	hjf	üsδ	ipε	γft	töj	gäk	ebö	αxπ	cmä
gγi	stε	wüg	bsd	δfc	tuπ	xyγ	zλv	hük	qöε
teq	bdö	εcy	flπ	ite	äλm	δxd	zvu	nλi	mαl
zpi	λöy	xbπ	fzü	εüw	qrt	εcx	jcü	aαp	λpk
dkm	vät	wλh	xfλ	πkü	fhu	aqw	bαh	üpv	hβr
ywx	λmn	spx	kαü	äxe	αin	gvj	äβl	βfc	kvx
δjb	bhp	bαc	jnβ	vcx	bvβ	evh	äüf	üγq	clg
εtd	pcl	fef	lγf	äcλ	msl	πzy	yγv	wδg	fed
λuv	αzh	ynq	lfa	αwq	iyx	bαp	moδ	qte	zuγ
sjä	βör	wvx	yrδ	üou	üqf	mβe	εtv	gnv	δul

10.

πyq	xbd	bpd	sγe	λgf	qwe	eqw	λnz	olε	vxβ
qwa	kπn	dεy	βkv	pyh	tλc	shö	clk	πmn	fγs
εjä	aεl	uzδ	hks	äπü	πxh	aqü	dαd	λkl	tew
vöm	tδz	γts	yαj	üvü	lεd	tεh	βgö	müh	dey
yqδ	zhi	cβü	gdw	qsε	dδä	πbq	nmu	wsx	idδ
üqi	γty	wre	λlä	bcs	nγz	ziw	xyü	αfs	otε
γif	uda	anα	rzm	äδe	fβü	iλü	muγ	βhb	lgh
bdβ	yβä	qpt	πöc	äaö	αgb	cxλ	wdδ	xvb	kuz
gvα	nαl	äös	εcf	grγ	üäö	gbö	üvf	ctγ	las
eys	dλn	λqo	jml	pβi	üpλ	pif	raö	lδj	zsπ

11.

jgd	sλi	dkγ	hvc	fαn	lxm	kεh	εsp	lgü	znγ
εbä	üäπ	lbg	δuz	lkj	γnv	vüq	tλd	xäg	βöq
kδc	εhg	jnβ	beγ	qπn	wuv	äaλ	ctl	dsb	göw
hγm	lfü	yαg	fit	üjm	βnα	dbw	cπr	λät	esh
βlü	jgd	sλi	dkβ	hvc	fλn	lxm	kαh	πsp	lgä
öπq	ahc	gmπ	üfd	xjε	zεq	kwr	tπa	znε	αuü
rax	dtγ	lπb	βjä	jya	öüβ	txc	taγ	πäi	söα
nkf	hbs	xyε	nie	mαm	liw	ucy	βöt	cda	bfü
βrα	lgβ	ysa	üfα	äsi	αml	dbv	lαf	vlö	yxλ
cxh	nαm	obδ	wqλ	nλp	λhj	εot	agu	kεö	ljo

C. Übungsstoff für den Boden-Bord-Verkehr

40. 3stellige leichte Gruppen

1.

anu	txm	zjq	cgm	tfj	tzq	csf	clu	zjg	zja
zfl	rjh	uba	xrr	sgt	sjw	mbt	nqh	znq	ptd
yla	kya	nlb	tmr	gsh	xcm	dqh	pfa	ryo	mfv
jae	iha	qfk	ara	tui	vhg	bmh	aik	tkf	eit
tes	wlu	wns	pxv	uxi	tgb	lrm	plx	bjt	fvg
xxm	vhg	bpp	vgh	dll	ctw	nff	ztr	cqb	tls
pzq	sss	mkn	plc	vtn	fjz	vkg	xid	oah	ugi
zkk	mtj	bvr	iyz	toc	jlk	cfd	lgk	dzp	uay
xcl	dol	vrc	lii	uyg	rwr	rie	khb	ktj	iqo
smj	avw	ehl	fqc	ssz	kmw	evl	ctf	gnz	ihn

2.

knp	irt	pdf	ars	exm	eyi	gsl	eth	igt	hha
azh	iab	evl	awe	gmz	kmd	ejy	orn	evl	awe
fmz	smd	ejy	ord	exr	ytg	mlt	ihn	cad	glr
clr	brz	gtp	tfq	idf	hio	cih	dhe	mjr	evo
psn	kel	iff	agt	ccz	xiy	lnh	pln	gep	jeb
hsd	ics	pjf	rfn	nch	iki	snp	adm	ndt	det
smz	ino	atp	ens	pir	ail	adx	res	gut	edk
axc	iys	fnm	thi	asl	ezk	azd	ibg	vsl	wam
arz	hfl	svr	dne	rbf	aye	pof	ijm	pgy	get
fnm	inm	akl	ult	ebt	uje	sez	cmd	hrd	qlz

3.

frl	ukz	rjc	fns	psn	udk	epl	pot	bfg	krg
dzf	nkl	lwn	gfr	uws	dat	dfm	dhp	ctw	bvw
lng	xrf	sgr	bmn	bcf	zsr	bst	zbt	abo	klb
xye	ueu	phn	pms	pvz	rfm	qyn	hsg	cfl	frb
khz	fdn	bsi	zwn	waa	xyo	mje	rgp	xrs	lrk
tfp	lbv	dls	cvx	mrm	zwf	ozu	gzl	zps	snv
vfh	lph	hnc	iwd	ese	nsv	rdl	dbl	dta	hmb
lve	lri	pnk	nwi	zng	fto	hte	lsg	ihe	mxe
fra	fdp	ewa	lve	bai	hza	ahh	tgi	gty	rxe
dro	yje	dss	zmf	zrb	rlc	rlg	dac	nhi	tlm

4.

ehd	hmc	oih	fei	qdr	ptg	tga	lek	nsp	ove
rjm	ffi	bej	peg	nlp	hnl	yix	zcc	oki	hcn
nfr	fjp	sci	psh	oni	zms	ted	tdn	mda	pns
ser	xda	lia	rip	sne	pta	ict	mnf	syi	cxa
kde	tug	maw	lsv	gbi	dza	kze	lsa	eya	fbr
end	rbs	lfh	zra	mni	mnf	teg	ygp	mji	fop
dmc	zes	iju	tbe	tlu	bka	snf	cjr	zku	lrf
zlq	drh	krg	gfb	tog	lpe	kdu	nsp	tad	swm
rfg	nwl	lkn	fzd	rfx	gnl	wvb	wtc	phd	mfd
tbz	tsv	rsz	trb	nmb	rgs	smp	nhp	ueu	eyk

5.

blk	oba	bvf	lfc	gsh	nyq	mfr	zvp	oyx	aaw
nwz	isb	ndf	zhk	vbl	pff	krl	srx	pgr	ejm
oyx	aaw	nwz	isb	nnh	khz	vbl	pff	krl	srx
pgr	tjm	lzg	uzo	fwz	mrm	xvc	sld	dwi	cnh
hpl	hfv	vns	spz	bmh	atd	lbd	ldr	vsn	ese
otf	gnz	knp	irl	evl	iwn	pdf	arf	exm	ehi
gsl	eth	ilt	hha	azh	iab	evl	awe	fmz	kmd
ejy	ord	exr	ytg	mlt	ihn	cad	glr	clr	brz
vll	qzp	sef	msn	yew	kkz	gbn	tdp	bzc	tht
nkm	ezi	mfb	vrk	kkb	pch	vlr	hbp	tfr	xns

6.

ere	mnm	bgc	dwc	bxz	ktw	tou	iov	aig	nzv
tgs	kwm	qbv	exe	qhs	mjn	gbm	nmn	pdh	xhp
kiu	frb	aef	cgf	kbs	hgv	api	btv	cdh	yje
pzc	fdn	rau	hnb	ksh	pbf	agu	rfn	tlw	eve
ghv	eoq	gqz	yij	aya	rdi	jcz	sgz	ppv	wmk
zwf	pxd	bst	hxi	lpc	jsy	yua	klb	plr	cfk
cgl	ysn	mlg	zdr	zhs	uid	gdr	ivi	plp	jgh
nmp	tbe	ewi	dgn	lhc	hsf	hto	fmn	vxp	pmr
bps	qai	kye	zvp	skt	mwr	crv	qwb	krg	lhb
gsd	nbd	hmz	avy	djr	fgr	edl	bfg	bdf	mn

7.

czd	eti	hmb	oak	yzy	eya	pbg	rbh	fdm	dbg
ezi	hqn	eux	phm	yuy	jst	fvd	rvc	lfz	obi
rya	prv	uda	kfv	rmt	eda	tio	jwb	nkl	hkx
ntw	nqv	lfx	zbn	nsv	nxb	psw	dqt	gjc	fks
igy	clp	eaj	sgr	hhw	ica	jln	slv	lwn	xrf
phn	lzs	qai	qmr	sfp	uri	bmp	lbv	hek	qsf
fzh	zps	ehe	msm	mgc	lqr	lbt	iuw	gfm	ieg
lwp	yye	qlc	yey	qim	zep	gzl	mtz	pwb	iza
vzr	fnw	nvx	zbt	ntv	mcx	wtm	jhv	lwl	ydi
jbt	fyi	civ	dls	vsi	fhs	kaw	nhl	xui	gzk

8.

mnk	jyu	zwn	jft	kqc	ggs	rzf	skl	ile	opu
fsc	cvx	pae	llf	txn	mxt	ltm	zsr	cpt	cer
gdp	cxv	vii	bwx	eti	dzg	rfn	psw	pdh	dlr
uvi	nhk	egi	gwh	ewp	zxd	fhs	yui	zju	rls
rzf	ght	uza	pnt	yle	upi	gnz	goi	ibe	grc
yyo	mxs	ahi	bul	cdk	msm	wmr	lzr	mpl	nrs
rdm	tcn	pch	kzn	pkn	tfr	dpw	wmp	vdg	exe
hds	lgz	hhw	hkx	eyo	lkc	nxb	lsl	ilo	wtm
gyh	vlr	ivu	llf	uge	vzr	pkp	sdn	hbp	uye
hnb	iti	upz	fgr	gab	ada	vai	drw	qtz	jft

9.

mgc	qjz	mxt	uxa	hjr	lfz	ajz	gjz	qlc	fsc
hqn	tbm	wjs	tgs	rrx	abu	rml	bln	ayk	aly
dth	qnz	vfm	oyr	aep	mcx	hsf	hpd	ghv	iut
ara	kfw	ahi	eaj	nfh	uew	tie	fkt	kia	hmb
xlp	mrl	bgt	ixu	vxp	snw	hgv	ppv	ghv	mcx
gvf	tjb	slt	bqc	ffn	wtc	rtz	ltd	zjf	ntv
clp	nkm	ssc	qzp	jtm	kkz	igu	hao	dix	gkv
cgl	dvc	klj	cpt	zyi	rvb	iil	crv	lio	lcw
yau	pzd	oqi	jtk	bhk	eir	rrw	gyu	wmk	zss
cqf	lhc	wav	jms	gzd	kte	bax	vii	vcc	bdg

10.

khn	uiv	rld	hdp	wsp	nfr	iuy	shf	dxz	pqe
hwg	ige	pnt	azu	thg	fzr	slr	ujz	ccr	ebi
iog	zng	vki	ely	msm	kdy	lub	iha	sxm	ozz
nct	mdr	srn	lpm	rzl	rmw	pmw	oli	lsl	bxn
ckl	oye	rzv	egu	fll	uvi	rlv	hxg	iti	bnh
eyu	pbh	nds	bkp	wrd	iqv	ade	bpg	rgf	zpu
gtp	rdq	ief	hio	cmh	dhe	mjr	evo	psn	kel
iff	ugt	ccz	xcz	lnh	pln	gep	jeb	hsp	ics
pjf	rfn	nch	iko	snp	adm	ndt	det	smz	ino
atp	ens	pir	ail	adx	des	gut	edk	axc	lys

11.

fnm	tci	asl	ezk	azd	ibg	vsl	wam	arz	hfl
svr	dne	rbf	aye	prf	ijm	pgy	get	fnm	inm
gcp	xbm	lbv	egi	amn	smj	tlf	mfv	pkp	uif
hxg	yuj	ora	xrr	plx	hpl	eya	pzk	rhr	cqk
bwc	pvz	ryd	svd	ace	iju	zpf	cph	kbn	coy
epu	lgc	fpk	yva	dvs	rem	yka	mxh	uyi	vtb
snl	uyi	gae	dxp	odu	qua	mzh	evi	fue	dxp
wkx	ibp	uje	yex	rdg	nmf	llv	wbm	ljb	yhk
ftq	rec	mtw	dzg	hfn	gdb	rmq	fll	xkh	itt
vhg	smj	vps	lks	vzr	iqo	mfv	uyg	pic	uyj
nct	wmp	tmr	dzp	bxn	shf	tcn	lgc	nqh	bvr

12.

xkh	idy	iuy	rcc	fjz	vkg	tbz	khw	yui	ils
rjx	dll	vfk	zrm	gzd	drw	vgh	zpu	cvr	bdg
nhk	pkp	wns	nqh	rlu	ywb	etk	hxg	vaw	rlu
upu	dmh	maw	swa	lsh	zmg	pkp	jae	iht	hgv
tup	fdp	gxh	dph	ser	tri	xlp	pta	exp	oni
oqi	olw	psh	lve	wmr	uba	xda	iil	ghv	jms
yxo	axu	cgl	vfm	zcc	gyu	iti	bmj	zjf	rmt
rjm	pzd	zjm	rzv	tga	hqn	ptg	rvb	aik	ehd
wmk	hjr	tlm	gkv	rfu	iha	zrb	ppb	zmf	dix

41. 3stellige, mittelschwere Gruppen

1.

oty	xce	dsr	ywh	gyd	¾	fmh	cov	juu	ocf
4,3	scg	zei	pta	xsu	dqu	wof	szt	5/6	twr
cji	mkd	jvb	74.	mca	grv	mcl	fci	xzq	udu
lvy	thv	368	pvj	kji	jmd	wnc	raz	pec	15—
ksc	ekl	qwg	ser	$^{4}/_{3}$	sho	nuf	odu	oxw	twh
qio	edn	yru	eac	0,4	ovx	ghq	skz	zbm	04—
twm	dwr	pcn	yuf	iqe	kbw	shp	xue	21—	jxs
vgr	epw	azn	pwb	awr	ezw	62/	idv	hlx	utm
ila	vdp	132	cmw	kxs	ctm	loz	bvg	9.5	awf
nsk	iwo	hae	6/2	dto	seb	nqv	riy	wfg	039

2.

vga	chz	klf	ojd	vny	vho	dtw	4—9	cez	poc
cxu	vob	ymz	qed	lea	eto	$^{5}/_{9}$	enb	prb	myt
mkj	iwo	sxg	fpo	¼	eja	xiy	mxo	9/1	pwt
uwa	pue	dmc	tbw	yxm	ckh	izi	fsx	bzg	50,
ehi	epa	woh	47/	duh	tdo	koq	avx	$^{9}/_{3}$	utq
fry	zqe	xqp	men	pok	nwa	yjr	osa	2.6	dsi
sep	yvf	lkb	eth	owi	drk	fjh	0—9	xbz	hvw
0/3	xig	ocy	vtx	yog	ylx	eyj	rge	cgq	0—9
igu	kpo	tyb	bla	ops	15,	dsa	uth	niv	vwo
nwm	wkz	lzp	gcm	uxw	3/1	hut	kpv	znw	xsm

3.

gfk	37,	voz	sxj	324	dqe	emg	qrf	zjl	ouh
pju	40—	nyx	aeu	kyq	vuw	bsf	135	paq	ovs
njh	ioo	bze	mxd	lsy	8—2	dqb	apq	rgq	jgt
iyy	467	wfq	gms	emv	ess	vbb	vqv	sjb	fvy
¼	vzj	pnu	xld	ihs	wfq	qhi	fea	74—	btu
sbi	fyb	mzj	sbc	948	fwu	his	zvo	qfy	bir
noj	281	vbt	rlm	jzx	fwd	mru	$^{6}/_{9}$	vpr	kxy
hie	mxx	hxl	awc	noc	suo	sif	lnk	jav	suo
$^{2}/_{9}$	hwy	tci	rev	thy	qta	uii	bad	¾	yqc
fey	tdu	ets	uij	ozi	oec	$^{3}/_{8}$	hcl	wvv	shh

4.

ett	qbd	tln	5/6	rzd	yzv	ihg	jaq	fsv	neb
531	ljb	jam	cdw	hee	irr	exw	kwp	416	ylc
kpz	vrx	dcr	hlu	3/4	kvu	kmy	eih	omu	ind
fxu	eks	fge	26—	yjb	shs	rtg	yjn	567	scf
lth	wey	eii	jlk	xtn	qrf	csf	263	lfh	ieh
sxc	dpb	567	gzh	ise	xua	kuu	xbb	$6^{5}/_{9}$	qkt
rnk	ish	hes	sxj	qrp	6—2	vjm	ssh	cie	edk
gak	rnj	vcx	406	jjt	hie	gxn	wyh	maj	9/2
hci	fga	cnv	ehj	ckv	hbs	ihe	cfd	rza	awo
¾6	sfe	rvg	cbf	34/	ckq	nuh	shs	jpe	834

5.

jpd	ice	jip	ise	uzs	wqi	3—2	xqc	myc	tct
hea	ccx	vnl	$^{7}/_{8}$	mnh	bah	ixs	zcx	zhe	zlu
uqx	1/8	lwb	sie	ink	lvd	brc	dat	$^{3}/_{9}$	pyg
ifc	eeh	zld	vqh	ise	463	rqo	wbc	nmu	iih
uas	$^{1}/_{7}$	jzi	zrv	uoq	hhe	xct	vof	96/	tls
uyv	khj	ese	xjq	eep	lgx	vbh	8,3	sih	ycc
xjq	lae	pjc	140	phs	ehi	vdc	waf	fcs	5—6
wes	gvh	gvh	ryp	his	cgz	pab	5—6	oli	pls
mxb	iow	eef	zqt	4/3	tgh	oqg	cdl	fto	brc
$^{8}/_{4}$	pch	ptm	pfg	xoq	sis	ckp	frm	506	lwg

6.

kvc	ihc	wtn	wtn	jsi	68/	epi	bcy	bcy	wrv
lss	khl	75—	qda	sih	gsd	oui	epp	tvb	34:
sie	mec	ckg	jbx	gav	sej	641	lmf	hsi	mdy
kwc	kcu	bur	7—5	itl	bsa	ees	jpb	ezk	vbi
812	cpm	mvl	mvf	she	nde	$6^{5}/_{4}$	sem	mtz	lfy
idv	gse	rkn	¼9	faz	nll	jaa	jfb	hxf	cma
ths	qzs	qyf	sie	qye	wye	nex	5,2	uhd	hjw
zpa	esh	637	fpc	cxn	rjy	isr	xci	¾	kbo
fjn	hmi	val	afj	42—	gzv	hie	zhc	bmk	qxc
6—1	fwg	pun	pkv	cbs	ydr	3/8	fwj	sie	sgv

7.

lsb	xnc	76:	gpz	sgn	hes	xjv	pvx	pgv	tnc
%	vpf	pqb	kdn	csv	ees	jdy	8/3	pyt	sta
qat	ylc	wkh	vbh	wsg	3/4	wvv	jgl	zhg	pqy
xvu	edy	zym	eki	prb	reb	985	ecz	hyq	rws
mxh	8—8	eph	peh	fiv	ruv	ozy	agz	175	lyf
ovx	uxf	kaf	%	feb	xwy	rym	erz	nhk	hjk
¼	ufd	yzy	nyt	neq	nys	nyx	org	kyn	6/2
pis	dfq	irg	cil	808	ufj	hid	eqa	sgg	nul
ssl	dyt	myw	ljw	xer	25,	ejt	qim	nev	veg
slf	ple	46/	hww	qes	kum	ids	²/₃	fqz	zup

8.

zgs	iba	qgp	wkz	pbr	410	ypu	wvh	heb	²/₃
qcc	xzi	mhw	mzx	djb	tkn	coe	vqd	396	rib
wfd	laf	dja	slm	528	hpj	ehe	vsx	fla	vwe
xua	vzy	dsq	29/	zkd	mas	hoj	3—2	ies	den
sck	nah	iqm	vjy	lzf	074	epz	lyv	ehs	bgj
28,	qkx	qyb	qgy	qfe	pvz	zrp	ise	wue	½
kmh	jgm	kyc	ssh	453	joq	zvp	fcj	fdp	htl
781	slw	zkb	ish	kah	lhr	nnu	adg	124	xjw
jib	lqq	iei	ste	hiv	dpj	12/	dup	ehe	mfk
kuu	892	xmo	cid	vlu	ihi	vob	hrq	rfd	zfh

9.

¾	opb	kep	ihs	qrw	xba	53/	wcz	fnu	esh
uni	rvp	3,6	srr	ysv	vbm	wgt	his	eip	ihg
378	alc	uwp	hse	mqy	ewc	075	ybg	jhn	des
huu	sre	eip	⁹/₃	frc	jko	yjm	tug	vgt	rih
8—6	yph	vys	seh	kjv	xum	fhn	env	⁴/₅	cfu
xyl	txm	sei	atz	efw	law	⁴/₈	rxa	hes	ycu
rdj	aem	267	qhp	ard	shj	tpk	ssz	¾	yxe
oyl	khh	esh	clu	pnq	ncv	byo	7—2	byk	flk
ehs	dhu	tjp	513	jxf	esh	jdc	rpc	ewu	ljw
918	btz	sok	eis	xkp	hwh	298	hhk	liv	vce
kvc	ihe	wtn	wtn	jsi	75—	qda	sih	gsd	mxa

10.

riv	dvh	hhe	mvn	35/	mpu	hca	hdv	ciz	ort
473	qxa	xmq	clu	rsi	isi	abx	$^5/_3$	bzq	fvh
hpi	nbr	csk	cly	47/	ycl	qyp	mev	azd	zaf
cdh	923	ihu	gnd	pqy	she	wok	tyw	½	cry
tma	ypq	njt	rjx	xmh	xxv	472	zey	hhe	cij
gae	ets	%	hie	zje	inx	qik	872	lam	lkp
lnw	hjy	nwr	gjs	eis	ued	cxz	532	qsb	txo
suq	nac	byj	fgn	604	ncx	vjw	cnd	kxn	487
qdb	svi	vsd	ypj	abf	gto	rbj	thr	puj	215

11.

wzl	cyf	ysj	tbb	852	vxg	cct	ies	rdl	lot
svf	sqw	xel	648	ivb	gvx	evn	39,	prx	nqg
vhk	ihs	eoc	egq	drg	%	shi	ely	vpw	cgj
iee	856	uzc	tno	vfp	enw	see	nyw	$^6/_3$	cny
nvo	qof	crg	xwe	ies	275	aeu	syt	ilw	tau
531	bpv	see	xmd	odp	rnt	ydc	hbf	uqb	287
zqc	eii	xim	vuw	enl	kry	svj	36/	qnd	hes
287	zqc	eii	xim	vuw	hmb	918	sih	yeg	ljy
sca	prv	enl	kry	svj	36/	qnd	hes	fkl	½
cun	dhh	cil	fbq	dpp	xda	fmx	ihz	519	jfx
hlq	mku	wwx	lbs	275	amy	hbg	snd	jhu	xfo

12.

xgy	dca	624	crq	ijy	qvo	xkp	632	fnv	sla
uzc	ebv	tgh	fhg	rkz	brt	lnv	%	ocg	thk
jgv	427	qcp	zio	lwb	byp	xwn	kdp	nzj	shl
632	svg	kxb	esi	lso	826	hyf	svu	hse	yhk
shy	zdy	tde	qtf	ehh	phn	54	qzc	vfn	eis
¼	jpu	rgu	jsz	qwa	%	zun	xcl	jpu	rgu
jsz	qwa	tlq	czy	76:	zsl	zgb	mux	eei	jeb
pnc	lbx	262	egt	umq	pev	eqc	moq	esh	91,
drw	hwt	esv	vam	875	cws	ypv	yne	zfn	qyl
%	cqa	dny	lxt	rce	eyy	tqp	xaf	613	zot

113.

ubx	xgs	hse	xfe	klq	spc	dmp	ukw	pvg	sih
829	oyn	vfp	hwg	134	zjs	byj	cwk	pvr	qmc
vdx	nya	58/	rmf	sei	oxi	xcl	ayf	jdf	qxb
897	eih	rsz	fbc	tza	chj	whs	mpa	572	qly
cis	ieh	ves	cbl	635	epz	ihj	woz	xka	ehe
wmu	jyr	28,5	qdn	htv	lyg	mua	rpk	269	qtj
3/7	ogx	lsi	isi	hmv	hca	nzp	zua	ylo	965
usk	zcg	qbn	dhq	346	ylh	huq	jlh	ses	hqm
hqm	qmf	965	jxl	vte	hie	yax	rrh	974	zns
mjl	itx	esi	for	fja	owi	gqo	his	vki	ymc

114.

she	%	82/	yec	wdi	she	iei	gxo	iwc	rcd
468	jhs	lcu	xcu	hes	mye	6/8	qvb	bmh	pdt
imz	niy	ich	378	zln	zln	imz	gos	fdu	dlq
1/4	esm	jcf	dnq	hih	jut	ccv	ggk	342	ktp
avm	cds	ssi	wct	462	weq	lxw	ifs	sie	wzr
qja	xcr	753	axm	ihi	wtq	ivu	rnv	815	jrc
kwo	qpi	ihh	rbd	bzh	xeo	72—	lto	rxh	iyp
esj	pud	52:	uep	qvn	ctq	iee	pxf	hzu	qxi
854	lad	ise	msg	jke	erl	luy	748	gtk	yhj
yhj	ijj	bik	fdk	%	lcn	ttk	hlb	xvm	ifg

115.

xwh	rhl	719	wyd	gen	his	xmk	pfw	bce	uhr
hlh	ofg	lvg	728	mzr	3/4	fjv	ptg	qhd	hae
imn	hrm	shx	ubk	—28	cwe	lfh	wlp	idf	729
bef	ioe	lrb	gvb	fre	pae	ope	194	dnk	wgx
ess	xza	uyt	673	edf	fus	mnh	hgg	plo	lkj
165	khh	fop	vfc	dee	qaz	ujy	289	rht	vgh
ihe	saz	qwa	6/7	iwk	xmh	ckw	uio	mzk	esz
keq	ulo	hid	ysg	tno	520	hiv	sbi	trf	bew
flz	671	rdh	zfr	uhg	vrp	3/4	omh	vjc	zev
zcv	xaw	cpl	98/	upy	mgx	lzh	lwe	gjj	drr

16.

xct	kdh	$^{5}/_{7}$	fem	stm	icg	zhl	erz	nbz	ade
fwp	879	kar	mfj	cez	tys	%	wsj	ynu	wxr
iqb	rvp	rwb	rqj	rku	49—	erk	pxr	evh	sym
inu	rym	841	idn	ypg	fgb	eeb	891	wda	gii
ets	eic	fyp	pek	½	ecf	veb	luc	sev	566
sup	qff	mut	isj	rik	afe	ixr	psg	165	zkx
ihl	pzd	nbd	473	tpu	qym	bpj	rqs	168	cli
fag	why	rvi	wym	cat	rff	nii	bud	dzl	$^{7}/_{8}$
ukt	nvs	xhb	bzi	fah	wke	lxc	905	cat	ige
ige	178	dru	kah	eny	ets	meg	gpv	dic	det

17.

237	biv	beg	ben	egs	352	jbv	ifk	gdn	ign
dva	zks	hml	ipl	iis	ppq	947	vci	834	brl
ont	ehe	zul	xcj	bxk	$^{4}/_{3}$	ecb	ksw	cgw	sih
edx	57	xhv	qtd	rik	ese	ulg	gxe	xwk	nck
230	zpn	ssi	lpw	wwe	ieh	97:	maj	vzu	xjk
ehh	ihh	ipy	359	lyd	qtx	mti	kfj	kpn	viu
516	tni	acy	ehh	wql	zvd	%	vbh	azp	fql
udh	wtz	tls	784	ekp	vyj	mzi	bxw	zpp	bvp
uhc	hwn	ikg	prj	kis	qph	863	tel	qoy	¾
his	igt	gyh	ebo	zay	ryd	pvq	hin	486	jic

18.

sug	yew	qct	bxl	rgy	giv	hex	lll	dfu	kel
%	esi	obl	qly	cef	mgl	zed	ogg	sdl	72:
zyh	uig	qul	jzg	nfh	dev	bmm	tcb	912	lyh
hes	%	kup	wjt	oqf	gta	byq	rca	ikk	wyk
hcy	ziv	491	xof	qtw	asp	one	45/	ker	lyh
lvb	¼	cqx	whb	egs	olm	rcp	zlv	fzn	bip
41/	whb	snd	ibm	dca	yfz	$^{4}/_{3}$	deb	tga	mul
srj	hda	fng	ihe	xea	fuq	uqt	596	nac	jsz
uuz	ihs	xob	681	xvr	jcp	397	dlb	kcm	uha
zey	shs	nsx	lsk	zrg	½	xue	vkk	wpo	cei

42. Q-Gruppen

qqrx	qgx	qsy	qtr	qte	qfe	qdm	qad	qdr	quj
qqsb	qdm	qaz	qrv	qta	qff	qrk	qfe	qbg	qaa
qqms	qan	qth	qgm	qfg	qaj	qbn	qzc	qtu	qfr
qqra	qah	qti	qbi	qgo	qfe	qmL	qsb	qaL	qct
qqab	qaj	qaz	qgj	qbe	qbh	qte	qai	qae	qam
qqak	qgc	qbg	qgh	qga	qfo	qfi	qfb	qzt	qzc
qqzx	qga	qfs	qfu	qff	qfe	qft	qgo	qbi	qdr
qqaf	qca	qfe	qfh	qbi	qaa	qac	qtm	qdr	qdm
qqsa	qsL	qso	qar	qaL	qti	qrk	qgx	qgy	qbe
qqsL	qsv	qsu	qrt	qru	qrd	qmp	qra	qbe	qsy

qisw	qsa	qta	qsy	qsb	qsa	qtr	qtu	qaa	qrd
qigo	qgL	qgx	qgy	qfr	qug	qdm	qth	qta	qri
qiar	qaL	qzc	qwL	qtu	qrj	qrz	qry	qsy	qsw
qith	qsz	qth	qso	qsb	qrx	qrq	qrk	qar	qsy
qifx	qri	qsL	qsu	qsv	qtu	qdr	qff	qfe	qam
qiap	qao	qfo	qfi	qfa	qca	qft	qga	qgc	qgi
qiac	qga	qfi	qgb	qzp	qan	qbb	qfc	qgc	qft
qifs	qfh	qfx	qah	qfo	qfq	qfo	qfr	qcs	qbn
qiab	qgc	qar	qap	qai	qnu	qab	qwL	qze	qzx
qlbb	qzt	qwp	qgc	qgd	qnz	qak	qae	qfh	qbi

qtbb	qzt	qwp	qgc	qgd	qnz	qak	qae	qfh	qbi
qcab	qgc	qar	qap	qai	qnu	qab	qwL	qze	qzx
qffs	qfh	qfx	qah	qfo	qfq	qfo	qfr	qcs	qbn
qcac	qga	qfi	qgb	qzp	qan	qbb	qfc	qgc	qft
qcap	qao	qfo	qfi	qfa	qca	qft	qga	qgc	qgi
qffx	qri	qsL	qsu	qsv	qtu	qdr	qff	qfe	qam
qtth	qsz	qth	qso	qsb	qrx	qrq	qrk	qar	qsy
qcar	qaL	qzc	qwL	qtu	qrj	qrz	qry	qsy	qsw
qggo	qgL	qgx	qgy	qfr	qug	qdm	qth	qta	qri
qssw	qsa	qta	qsy	qsb	qsa	qtr	qtu	qaa	qrd

qsL	qsv	qsu	qrt	qru	qrd	qmp	qra	qbe	qsy
qsa	qsL	qso	qar	qaL	qti	qrk	qgx	qgy	qbe
qaf	qca	qfe	qfh	qbi	qaa	qac	qtm	qdr	qdm
qzx	qga	qfs	qfu	qff	qfe	qft	qgo	qbi	qdr
qak	qgc	qbg	qgh	qga	qfo	qfi	qfb	qzt	qzc
qab	qaj	qaz	qgj	qbe	qbh	qte	qai	qae	qam
qra	qah	qti	qbi	qgo	qfe	qmp	qsb	qaL	qct
qms	qan	qth	qgm	qfg	qaj	qbn	qzc	qtu	qfr
qsb	qdm	qaz	qrv	qta	qff	qrk	qfe	qbg	qaa
qrx	qgx	qsy	qtL	qte	qfe	qdm	qad	qdr	quj

quj	qdr	qad	qdm	qfe	qte	qtr	qsy	qgx	qrx
qaa	qbg	qfe	qrk	qff	qta	qrv	qaz	qdm	qsb
qfr	qtu	qzc	qbn	qaj	qfg	qgm	qth	qan	qms
qct	qaL	qsb	qmp	qfe	qgo	qbi	qti	qah	qra
qam	qae	qai	qte	qbh	qbe	qgj	qaz	qaj	qab
qzc	qzt	qfb	qfi	qfo	qga	qgh	qbg	qgc	qak
qdr	qbi	qgo	qft	qfe	qff	qfu	qfs	qga	qzx
qdm	qdr	qtm	qac	qaa	qbi	qfh	qfe	qca	qaf
qbe	qgy	qgx	qrk	qti	qaL	qar	qso	qsL	qsa
qsy	qbe	qra	qmp	qrd	qru	qrt	qsu	qsv	qsL

qrd	qaa	qtu	qtr	qsa	qsb	qsy	qta	qsa	qsw
qri	qta	qth	qdm	qug	qfr	qgy	qgx	qgL	qgo
qsw	qsy	qry	qrz	qrj	qtu	qwL	qzc	qaL	qar
qsy	qar	qrk	qrq	qrx	qsb	qso	qth	qsz	qth
qam	qfe	qff	qdr	qtu	qsv	qsu	qsL	qri	qfx
qgi	qgc	qga	qft	qca	qfa	qfi	qfo	qac	qap
qft	qgc	qfc	qbb	qan	qzp	qgb	qfi	qgc	qac
qbn	qcs	qfr	qfo	qfq	qfo	qah	qfx	qfh	qfs
qzx	qze	qwL	qab	qnu	qai	qap	qar	qgc	qab
qbi	qfh	qae	qak	qnz	qgd	qgc	qwp	qzt	qbb

qbi	qfh	qae	qak	qnz	qgd	qgc	qwp	qzt	qbb
qzx	qze	qwL	qab	qnu	qai	qap	qar	qgc	qab
qbn	qcs	qfr	qfo	qfq	qfo	qah	qfx	qfh	qfs
qft	qgc	qfc	qbb	qan	qzp	qgb	qfi	qga	qac
qgi	qgc	qga	qft	qca	qfa	qfi	qfo	qao	qap
qam	qfe	qff	qdr	qtu	qsv	qsu	qsL	qri	qfx
qsy	qar	qrk	qrq	qrx	qsb	qso	qth	qsz	qth
qsw	qsy	qry	qrz	qrj	qtu	qwL	qzc	qaL	qar
qri	qta	qth	qdm	qug	qfr	qgy	qgx	qgL	qgo
qrd	qaa	qtu	qtr	qsa	qsb	qsy	qta	qsa	qsw

qsy	qbe	qra	qmp	qrd	qru	qrt	qsu	qsv	qsL
qbe	qgy	qgx	qrk	qti	qaL	qar	qso	qsL	qsa
qdm	qdr	qtm	qac	qaa	qbi	qfh	qfe	qca	qaf
qdr	qbi	qgo	qft	qfe	qff	qfu	qfs	qga	qzx
qzc	qzt	qfb	qfi	qfo	qga	qgh	qbg	qgc	qak
qam	qae	qai	qte	qbh	qbe	qgj	qaz	qaj	qab
qct	qaL	qsb	qmL	qfe	qgo	qbi	qti	qah	qra
qfr	qtu	qzc	qbn	qaj	qfg	qgm	qth	qan	qms
qaa	qbg	qfe	qrk	qff	qta	qrv	qaz	qdm	qsb
quj	qdr	qad	qdm	qfe	qte	qtr	qsy	qgx	qrx

FSC
www.fsc.org
MIX
Papier | Fördert
gute Waldnutzung
FSC® C083411

Kolibri 360 GmbH
Ferdinand-Jühlke-Straße 7
99095 Erfurt, Deutschland
produktsicherheit@kolibri360.de